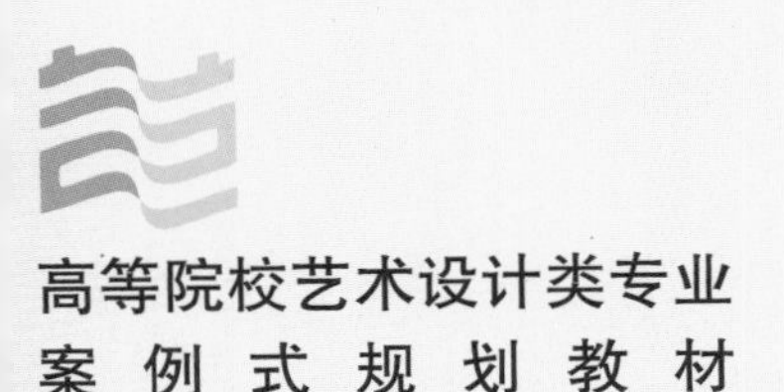

高等院校艺术设计类专业
案 例 式 规 划 教 材

Photoshop CS6
精品教程

■ 主　编　刘天执　郭媛媛　王　方
■ 副主编　张倩梅　乔春梅　张舒涵

華中科技大學出版社
http://www.hustp.com

内容提要

本书在讲解Photoshop CS6基础知识的同时，通过多个项目案例，让读者了解设计实战的基本流程以及制作技巧。通过完整案例的练习，读者可以实现掌握技术更全面、水平提升速度更快的目的。本书技术实用，讲解清晰，本书可作为普通高等院校相关专业的材料，也可作为广大设计爱好者和各类技术人员的自学用书，还可作为相关培训机构的培训教材。

图书在版编目（CIP）数据

Photoshop CS6精品教程 / 刘天执, 郭媛媛, 王方主编. -- 武汉：华中科技大学出版社, 2017.9（2020.7 重印）

高等院校艺术设计类专业案例式规划教材

ISBN 978-7-5680-2738-0

Ⅰ. ①P… Ⅱ. ①刘… ②郭… ③王… Ⅲ. ①图象处理软件－高等学校－教材 Ⅳ. ①TP391.413

中国版本图书馆CIP数据核字（2017）第076678号

Photoshop CS6 精品教程

Photoshop CS6 Jingpin Jiaocheng

刘天执　郭媛媛　王　方　主编

策划编辑：金　紫

责任编辑：徐　灵

封面设计：原色设计

责任校对：何　欢

责任监印：朱　玢

出版发行：华中科技大学出版社（中国·武汉）　　电话：（027）81321913

　　　　　武汉市东湖新技术开发区华工科技园　　邮编：430223

录　　排：湖北振发工商印业有限公司

印　　刷：湖北新华印务有限公司

开　　本：880mm × 1194mm　1/16

印　　张：9

字　　数：196千字

版　　次：2020年 7月第 1 版第 2 次印刷

定　　价：58.00 元

本书若有印装质量问题，请向出版社营销中心调换

全国免费服务热线: 400-6679-118　竭诚为您服务

版权所有　侵权必究

Ps

前言

Preface

Photoshop CS6是Adobe公司推出的图像设计及处理软件，它以强大的功能深受用户的青睐。本书从教学实践的角度进行编写，通过大量案例介绍了Photoshop CS6的功能和在艺术设计领域的应用。内容包括Photoshop CS6基础知识、选区制作、图像修饰、图像色彩调整、图层、通道和蒙版、文字和路径、滤镜特效以及Photoshop CS6综合应用共9个章节。

作者根据多年的教学经验并结合学生的特点和需求编写，打破了传统的教材编写模式，依据设计专业的实际需求，采用项目任务驱动的模式，将Photoshop CS6的使用技巧融入具体的项目和任务中，由浅入深，内容丰富、层次清晰、图文并茂，是一本实用的教材。

本书在编写过程中，力求符号统一、图表准确、结构清晰、语言简练、循序渐进、通俗易懂。各项目尽量贴近生活需要，贴近工作要求，大部分项目都来源于实际作品，是笔者数年教学、实践、教改经验的总结，具有代表性。在具体项目的制作过程中，本书将让学生充分感受创作的满足感和成就感，使学生在学习和模仿的过程中能创作出具有个性化的作品。

本书由刘天执、郭媛媛、王方担任主编，张倩梅、乔春梅以及辽宁石油化工大学张舒涵担任副主编。

本书可作为高等院校视觉传达、工业设计、风景园林、环境设计等相关专业的教材，也可作为广大设计爱好者和各类技术人员的自学用书，还可作为各类计算机培训班的培训教材。由于时间仓促，编者水平有限，本书虽经反复修正，但书中难免会有不足和疏漏之处，敬请读者批评指正。

编 者

2017年6月

Ps

目录

Contents

第一章 Photoshop CS6基础知识

章节导读

Photoshop软件是Adobe公司设计开发的一款图像处理软件，是目前世界上最优秀的图像编辑和处理软件之一，广泛应用于平面设计、桌面出版、照片图片修饰、彩色印刷品、辅助视频编辑、网页图像和动画贴图等领域。本章将介绍在大部分版本的Photoshop中处理图像时的一些基本概念，以及Photoshop CS6的基本操作界面，使读者在了解图像相关概念的基础上，熟悉图像和文件的基本操作，从而为后续章节的学习做好铺垫。

第一节 图像的相关概念

首先应了解像素与分辨率、矢量图与位图、图像的存储格式、颜色模式等基本概念。

一、像素和分辨率

1.像素

在Photoshop中，像素是组成图像的基本单元。它是一个小的方形颜色块，一个图像通常由许多像素组成，这些像素被排成横行和纵列。当用缩放工具将图像放大到一定比例时，就可以看到类似马赛克的效果，每个小方块就是一个像素，也可称之为栅格。每个像素都有不同的颜色值。单位长度内的像素越多，该分辨率越高，图像的效果就越好。如图1-1所示，是显示器上正常显示的图像；当把图像放大到一定比例后，就会看到如图1-2所示的类似马赛克的效果。

学习重点：
像素与分辨率；
位图与矢量图；
文件的基本操作与存储格式；
图像大小的调整；
画布的调整与旋转；
历史记录的功能。

分辨率决定了位图图像细节的精细程度。

图 1-1 正常显示的图像

图1-2 放大一定比例后的图像

2. 分辨率

正确理解图像分辨率和图像之间的关系对于了解Photoshop的工作原理非常重要。图像分辨率的单位是ppi（pixels per inch，每英寸所含的像素）。如果图像分辨率是72ppi，就是在每英寸长度内包含72个像素。图像分辨率越高，意味着每英寸所包含的像素越多，图像就有越多的细节，颜色过渡就越平滑。

图像分辨率和图像大小之间有着密切的关系。图像分辨率高，像素多，信息量大，因而文件就越大。通常文件的大小是以“兆字节”（MB）为单位。使用扫描仪获取大图像时，将扫描分辨率设定为300ppi就可以满足高分辨率输出的需要。若分辨率较低，通过Photoshop利用差值运算来产生新像素提高图像分辨率的话，会造成图像模糊、层次差，不能忠实于原稿。如果分辨率较高，Photoshop操作中减少图像分辨率则不会影响图像的质量。另外，常提到的输出分辨率是以dpi（dots per inch，每英寸所含的点）为单位，它是针对输出设备而言的。通常激光打印机的输出分辨率为 300～600dpi。

小/贴/士

印刷或打印图像，要把单位设置为“厘米”或“英寸”，再根据最后打印出来的图像需要的尺寸填写即可。

分辨率的默认单位是ppi，表示每英寸的图像中有多少像素，我们也可设置为“像素/厘米”，表示每厘米含多少个像素。如果图像仅仅在电脑上观看，那么该值无论设为多少都不会影响图像的显示效果，但如果图像是作为印刷或打印用的，那么一般要在300ppi以上。分辨率越大，图像的质量就越好，但处理速度就越慢，默认值为72ppi。

二、矢量图和位图

计算机中的图像分为两种：矢量图与位图。

1. 矢量图

矢量图是以数学的矢量方式来记录图像的内容，内容以色块和线条为主。例如一条直线的数据只需要记录两个端点的位置、直线的粗细和颜色等。这种图像最大的特点就是无论图形的大小如何变化，它的清晰度保持不变，变换时保持光滑无锯齿，不会发生任何偏差，精确度很高。矢量图示例和被放大后的效果如图1-3、图1-4所示。矢量图适于表现清晰的轮廓，常用于制作一些标志图形（例如公司LOGO等）或简单的卡通式图片。矢量图像的处理软件有：Illustrator、FreeHand、CorelDraw、Flash、AutoCAD等，在Photoshop中也有绘制矢量图形的功能，使用起来更加灵活、方便。

2. 位图

位图则不同，如果将此类图放大到一定程度，就会发现它是由一个个像素组成的，故此类图有像素图之称。有时像素图也被称为点阵图。像素图的质量是由分辨率决定的，分辨率越高，图像的效果就越好。用于制作多媒体光盘的图像通常达到72ppi就可以了，而用于彩色印刷品的图像则为300ppi左右，印出的图像才不会缺少平滑的颜色过渡。

位图的优点是图像逼真，能表现出颜色的细微层次，效果可以达到照片级别；缺点是当图像放大时比较粗糙，文件较大，处理速度慢。常用的位图图像软件，有Photoshop、Photoimpact、Painter等。

图1-3 矢量图示例

图1-4 被放大后效果图

三、图像文件的格式

新建或者打开一幅图像后，执行“文件”/“存储为”命令，弹出“存储为”对话框，在对话框中显示了Photoshop支持的图像文件格式，如图1-5所示。

可见，在Photoshop中存储的图像文件格式非常多，不同的图像文件格式表示着不同的应用性、色彩数、压缩程度、图像信息等，下面我们来介绍几种常用的图像文件格式及其特点。

图像文件格式决定了应该在文件中存放何种类型的信息，文件如何与各种应用软件兼容，文件如何与其他文件交换数据。

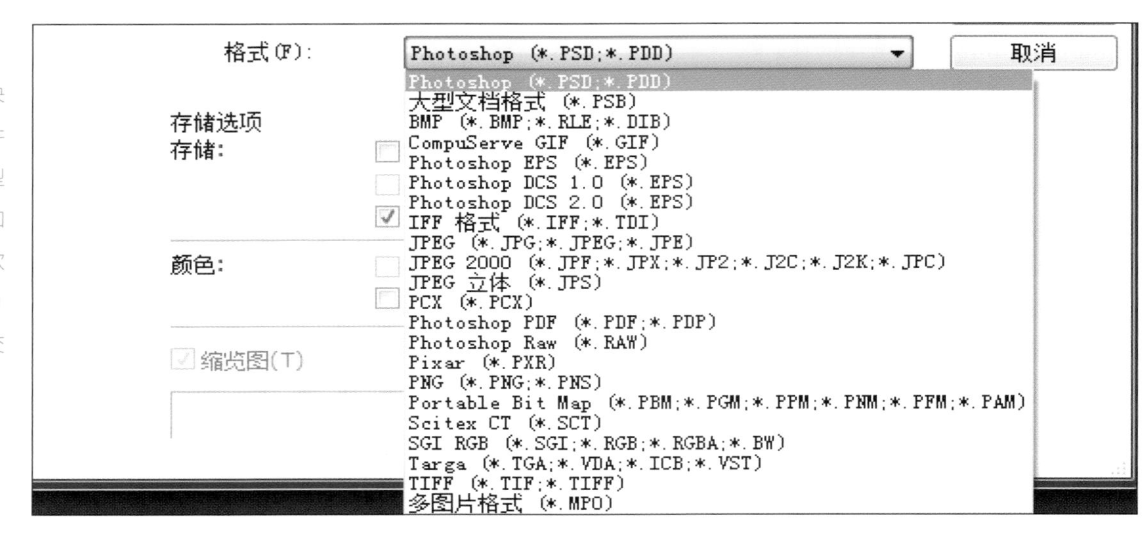

图1–5　Photoshop 图像文件格式

1. PSD（*.PSD）

PSD格式是Adobe Photoshop 软件默认生成的图像格式，这种格式支持Photoshop中所有的图层、通道、参考线、注释和颜色模式的修改。在保存图像时，若图像中包含有图层，则一般都用PDS格式保存。若要将具有图层的PSD格式图像保存成其他格式的图像，则在保存时会合并图层，即保存后的图像将不具有任何图层。PSD格式在保存时会将文件压缩以减少占用磁盘空间，但由于PSD格式所包含图像数据信息较多，因此比其他格式的图像文件要大得多。PSD格式的优越之处是修改起来较为方便。

2. BMP（*.BMP；*.RLE）

BMP（Windows Bitmap）图像文件最早应用于微软公司推出的Microsoft Windows系统，是一种Windows标准的位图式图形文件格式。它支持RGB、索引颜色、灰度和位图的颜色模式，但不支持Alpha通道。

3. TIFF（*.TIF）

TIFF的英文全名是“Tagged Image File Format”（标记图像文件格式）。此格式便于在应用程序之间和计算机平台之间进行图像数据交换。因此，TIFF格式应用非常广泛，可以在许多图像软件和平台之间转换，是一种灵活的位图图像格式。TIFF格式支持RGB、CMYK、Lab、IndexedColor、位图模式和灰度的颜色模式，并且在RGB、CMYK和灰度 3种颜色模式中还支持使用通道（chan-nels)、图层（layers）和路径（paths）的功能，只要在Save As对话框中选中Layers、Alpha Channels、Spot Colors复选框即可。

4. PCX（*.PCX)

PCX图像格式最早是Zsoft公司的PC PaintBrush（画笔）图形软件所支持的图像格式。PCX格式与BMP格式一样支持1-24位的图像，并可以用RLE的压缩方式保存文件。PCX格式还可以支持RGB、索引颜色、灰度和位图的颜色模式，但不支持Alpha通道。

5. JPEG（*.JPE;*.JPG）

JPEG的英文全称是Joint Photographic Experts Group（联合图像专家组），此格式的图像通常用于图像预览和一些超文本文档中（HTML文档）。JPEG格式的最大特色就是文件比较小，经过了高倍率的压缩，是目前所有格式中压缩率最高的格式。但是JPGE格式在压缩保存的过程中会以失真方式丢掉一些数据，保存后的图像没有原图像的质量好，所以印刷品最好不要用此图像格式。

6. EPS(*.EPS)

EPS（Encapsulated PostScript）格式应用非常广泛，可以用于绘图或排版，是一种PhostScript格式。此格式的最大优点是可以在排版软件中以低分辨率预览，将插入的文件进行编辑排版，而在打印或出胶片时则以高分辨率输出，做到工作效率与图像输出质量两不误。EPS支持Photoshop中所有的颜色模式，但不支持Alpha通道，其中在位图模式下还可以支持透明背景。

7. GIF（*.GIF）

GIF格式是CompuServe提供的一种图形格式，在通信传输时较为经济。该格式也可使用LZW压缩方式将文件压缩而不会太占磁盘空间，因此也是一种经过压缩的格式。这种格式可以支持位图、灰度和索引颜色的颜色模式。GIF格式还可以广泛应用于因特网的HTML网页文档中，但它只能支持8位（256色）的图像文件。

8. PNG（*.PNG）

PNG格式是由Netscape公司开发出来的一种文件格式，可以用于网络图像，但它不同于GIF格式的是它可以支持24位（1670万色）的真彩色图像，并且支持透明背景和消除锯齿边缘的功能，可以在不失真的情况下压缩保存图像。但由于PNG格式不完全支持所有浏览器，且所保存的文件也较大而影响下载速度，所以在网页使用中要比GIF格式少得多。但随着网络的发展和因特网传输速度的改善，PNG格式将是未来网页使用中的一种普通图像格式。PNG格式文件在RGB和灰度模式下支持Alpha通道，但在索引颜色和位图模式下不支持Alpha通道。

9. PDF（*.PDF）

PDF（portable document format，即可移植文档）格式是Adobe公司开发的用于Windows、Mac OS、UNIX（R）和DOS系统的一种文件格式。它以PostScript Level 2语言为基础，因此可以覆盖矢量式图像和点阵式图像，并且支持超级链接。PDF文件由Adobe Acrobat软件生成，该格式文件可以存有多页信息，其中包含图形、文档的查找和导航功能。因此，使用该格式不需要排版或图像软件即可获得图文混排的版面。由于该格式支持超文本链接，因此是网络下载经常使用的文件格式。PDF格式支持RGB、索引颜色、CMYK、灰度、位图和Lab颜色模式，并且支持通道、图层等数据信息。PDF格式还支持JPEG和ZIP的压缩格式（位图模式不支持ZIP压缩格式保存）。

在日常应用中，应考虑图像的质量、灵活性、存储效率以及应用程序是否支持这种图像格式等。

了解有关颜色的基本知识和常用的颜色模式，对于生成符合设计和感官需要的图像是大有益处的。

四、关于颜色

1. 亮度（brightness）

亮度是各种图像模式下的图形原色明暗度的调整。例如：灰度模式，就是将白色到黑色间连续划分为256种色调，即由白到灰，再由灰到黑。在RGB模式中则代表红、绿、蓝三原色的明暗度，例如：将红色的亮度调低就变成了深红色。

2. 色相（hue）

色相是从物体反射或透过物体传播的颜色，也就是色彩颜色。色相的调整就是在多种颜色之间变化。在通常的使用中，色相是由颜色名称标识的。例如：光由红、橙、黄、绿、青、蓝、紫7色组成，每一种颜色代表一种色相。

3. 饱和度（saturation）

饱和度也可以称为彩度，指颜色的强度或纯度。调整饱和度也就是调整图像彩度。将一个彩色图像降低饱和度为0时，会变为灰色的图像；增加饱和度时则会增加其彩度。

4. 对比度（contrast）

对比度是指不同颜色之间的差异。对比度越大，颜色之间的反差就越大；反之，对比度越小，颜色之间的反差就越小，颜色越相近。例如：将一幅灰度的图像增加对比度后，会变得黑白鲜明，当对比度增加到极限时，则变成了一幅黑白两色的图像。反之，将图像对比度减小到极限时，就成了灰度图像，看不出图像效果，只是一幅灰色的底图。

5. 颜色模式

颜色模式有RGB模式、CMYK模式、Bitmap（位图）模式、Grayscale（灰度）模式、Lab模式、HSB模式、Multichannel（多通道模式）、Duotone（双色调）模式、Index Color（索引色）模式等。

（1）RGB模式

RGB模式是Photoshop中最常用的一种颜色模式。不管是扫描输入的图像，还是绘制的图像，几乎都是以RGB的模式存储的。因为在RGB模式下处理图像较为方便，而且RGB比CMYK文件要小得多，可以节省内存和存储空间。在RGB模式下，用户还能够使用Photoshop中所有的命令和滤镜。

RGB模式由红、绿、蓝三原色组合而成，并相互混合产生出成千上万种颜色。在RGB模式下的图像是三通道图像，每一个像素由24位的数据表示，其中RGB三种原色各使用了8位，每一种原色都可以表现出256种不同浓度的色调，所以三种原色混合起来就可以生成1670万种颜色，也就是我们常说的真彩色。

（2）CMYK模式

CMYK 模式是一种印刷模式，由分色印刷的4种颜色组成，在本质上与RGB模式没太大区别。但它们产生色彩的方式不同，RGB模式产生色彩的方式称为加色法，而CMYK模式产生色彩的方式称为减色法。例如：显示器采用RGB模式，因为显示器可以用电子光束轰击荧光屏上的磷质材料发出光亮从而产生颜色，当没有光时为黑色，加到极限时为白色，这种生成色彩的方式称为加色法。若采用

RGB模式去打印一份作品，则不会产生颜色效果，因为打印油墨不会自己发光。而CMYK模式生成色彩的方式就称为减色法。

理论上，我们只要将生成CMYK模式中的三原色，即100%的青色（cyan）、100%的洋红色（magenta）和100%的黄色（yellow）组合在一起就可以生成黑色（black），但实际上等量的C、M、Y三原色混合并不能产生完美的黑色或灰色。因此，只有再加上一种黑色后，才会产生图像中的黑色和灰色。为了与RGB模式中的蓝色B区别，黑色就以K表示，这样就产生了CMYK模式。在CMYK模式下的图像是四通道图像，每一个像素由32位的数据表示。在处理图像时，我们一般不采用CMYK模式，因为这种模式文件大，会占用更多的磁盘空间和内存。此外，在该模式下，有很多滤镜不能使用，编辑图像时不方便，因而通常都在印刷时才转换成该模式。

（3）Bitmap（位图）模式

Bitmap模式也称为位图模式，该模式只有黑和白两种颜色。该模式的每一个像素只包含1位数据，占用的磁盘空间最少。因此，在该模式下只能制作黑白两色的图像。当要将一幅彩图转换成黑白图像时，必须先转换成灰度模式的图像，然后再转换成只有黑白两色的图像，即位图模式图像。

（4）Grayscale（灰度）模式

Grayscale（灰度）模式的图像可以表现丰富的色调，体现自然界物体的生动形态和景观，但它始终是一幅黑白的图像，就像我们通常看到的黑白电视和黑白照片一样。灰度模式中的像素是由8位分辨率来记录的，因此能够表现出256种色调。我们可以利用256种色调使黑白图像表现得相当完美。灰度模式的图像可以互相转换成黑白图像或者RGB的彩色图像。但需要注意的是，当一幅灰度图像转换成黑白图像后，再转换成灰度图像，将不再显示原来图像的效果。因为灰度图像转换成黑白图像时，Photoshop会丢失灰度图像中的色调，而转换后丢失的信息将不能恢复。同样道理，RGB图像转换成灰度图像也会丢失所有的颜色信息，所以当由RGB图像转换成灰度图像，再转换成RGB的彩色图像时，显示出来的图像颜色将不具有彩色。

（5）Lab模式

Lab模式是一种较为陌生的颜色模式，它由3种分量来表示颜色。此模式下的图像由三通道组成，每像素有24位的分辨率。通常情况下我们不会用到此模式，但使用Photoshop编辑图像时，事实上就已经使用了这种模式，因为Lab模式是Photoshop内部的颜色模式。例如，要将RGB模式的图像转换成CMYK模式的图像，Photoshop会先将RGB模式转换成Lab模式，然后由Lab模式转换成CMYK模式，只不过这一操作是在后台进行而已。因此Lab模式是目前所有模式中包含色彩范围最广泛的模式，它能毫无偏差地在不同系统和平台之间进行转换。L代表亮度，范围在0～100。a代表由绿到红的光谱变化，范围在-120～120。b代表由蓝到黄的光谱变化，范围在-120～120。

（6）HSB模式

HSB模式是一种基于人的直觉的颜色模式，利用此模式可以很轻松地选择各种不同的颜色。在Photoshop中不直接支持这种模式，而只能在Color控制面板和Color Picker对话框中定义这种模式。HSB模式描述的颜色有3个基本特征。H代表色相，用于调整颜色，范围0度～360度。S代表饱和度，即彩度，范围0%～100%，0%时为灰色，100%时为纯色。B代表亮度，颜色的相对明暗程序，范围0%～100%。

（7）Multichannel（多通道）模式

Multichannel（多通道）模式在每个通道中使用256灰度级。多通道图像对特殊的打印非常有用，例如，转换双色调（Duotone）用于ScitexCT格式打印。

可以按照以下的准则将图像转换成多通道模式。

a.将一个以上通道合成的图像转换为多通道模式图像，原有通道将被转换为专色通道。

b.将彩色图像转换为多通道时，新的灰度信息基于每个通道中像素的颜色值。

c.将CMYK图像转换为多通道可创建青色、洋红色、黄色和黑色专色通道。

d.将RGB图像转换为多通道可创建红色、绿色和蓝色专色通道。

e.从RGB、CMYK或Lab图像中删除一个通道，图像会自动转换为多通道模式。

（8）Duotone（双色调）模式

Duotone（双色调）是用两种油墨打印的灰度图像，黑色油墨用于暗调部分，灰色油墨用于中间调和高光部分。但是，在实际操作中，更多地使用彩色油墨打印图像的高光部分，因为双色调使用不同的彩色油墨重现不同的灰阶。要将其他模式的图像转换成双色调模式的图像，必须先转换成灰度模式才能转换成双色调模式。转换时，我们可以选择单色版、双色版、三色版或四色版，并选择各个色版的颜色。但要注意在双色调模式中颜色只是用来表示“色调”而已，所以在这种模式下彩色油墨只是用来创建灰度级的，不是创建彩色的。当油墨颜色不同时，其创建的灰度级也是不同的。通常选择颜色时，都会保留原有的灰色部分作为主色，其他加入的颜色为副色，这样才能表现较丰富的层次感和质感。

（9）Index Color（索引色）模式

索引色模式在印刷中很少使用，但在制作多媒体或网页上却十分实用。因为该模式图像文件大小只有RGB模式的1/3，所以可以很大程度地减少文件所占磁盘空间。索引色模式不能像RGB和CMYK模式一样完美地表现出色彩丰富的图像，只能表现256种颜色，因此会有图像失真的现象，这是索引色模式的不足之处。索引色模式是根据图像中的像素统计颜色的。它将统计后的颜色定义成一个颜色表，选出256种使用最多的颜色放在颜色表中，对于颜色表以外的颜色，程序会选取已有颜色中最相近的颜色。因此，索引色模式的图像在256色16位彩色的显示屏幕下所表现出来的效果并没有很大区别。

■

颜色模式是将某种颜色表现为数字形式的模型，或者说是一种记录图像颜色的方式。

第二节 Photoshop CS6的操作界面

在安装完Photoshop CS6后，即可运行该程序。选择“开始”→“程序”→“Adobe Photoshop CS6”命令，或双击桌面上的快捷方式图标，都可以进入Photoshop CS6的操作界面，如图1–6所示。此时，用户可以看到其操作界面，包括标题栏、菜单栏、属性栏、工具箱、状态栏、图像窗口以及各类浮动面板等，以下将具体介绍。

一、菜单栏

Photoshop CS6的菜单栏位于工作窗口的顶部，共十项菜单，分别是文件、编辑、图像、图层、文字、选择、滤镜、视图、窗口和帮助，如图1–7所示。

点击其中任一菜单会出现下拉列表，如图1–8所示。

要使用某个菜单时，只需将鼠标移动到菜单名上单击即可弹出该菜单，可以从中选择要使用的命令。对于打开的菜单，其使用方法如下。

（1）菜单项呈黑色，则表示该命令当前可用，如图1–9所示。

菜单栏里包含了Photoshop操作的所有命令，很多强大且没有快捷键的功能都需要在菜单栏下寻找。

Ps 文件(F) 编辑(E) 图像(I) 图层(L) 文字(Y) 选择(S) 滤镜(T) 视图(V) 窗口(W) 帮助(H)

图1–7　窗口顶部的十项菜单

图1–6　Photoshop CS6操作界面

文件(F) 编辑(E) 图像(I) 图层(L) 文字(Y) 选择

新建(N)... Ctrl+N
打开(O)... Ctrl+O
在 Bridge 中浏览(B)... Alt+Ctrl+O
在 Mini Bridge 中浏览(G)...
打开为... Alt+Shift+Ctrl+O
打开为智能对象...

图1–9　当前命令可用

文件(F) 编辑(E) 图像(I) 图层(L) 文字(Y) 选择

新建(N)... Ctrl+N
打开(O)... Ctrl+O
在 Bridge 中浏览(B)... Alt+Ctrl+O
在 Mini Bridge 中浏览(G)...
打开为... Alt+Shift+Ctrl+O
打开为智能对象...
最近打开文件(T)
关闭(C) Ctrl+W
关闭全部 Alt+Ctrl+W
关闭并转到 Bridge... Shift+Ctrl+W
存储(S) Ctrl+S
存储为(A)... Shift+Ctrl+S
签入(I)...
存储为 Web 所用格式... Alt+Shift+Ctrl+S
恢复(V) F12
置入(L)...
导入(M)
导出(E)
自动(U)
脚本(R)
文件简介(F)... Alt+Shift+Ctrl+I
打印(P)... Ctrl+P
打印一份(Y) Alt+Shift+Ctrl+P
退出(X) Ctrl+Q

图1–8　单击菜单下拉列表

工具栏里集合了最基础常用的40余种工具。

（2）菜单项呈灰色，则表示该命令当前不可用，如图1-10所示。

（3）菜单项后有三角形标志，表示该菜单还有子菜单，如图1-11所示。

（4）菜单项后有省略号，表示单击该菜单将会打开一个对话框。

（5）菜单项后有快捷键，表示可以直接按相应快捷键使用相应功能。

二、工具栏

启动Photoshop CS6 时，工具栏面板显示在屏幕左侧。Photoshop CS6工具包含40余种，单击图标即可选择工具或者按下工具的组合快捷键，通过这些工具，可以选择、编辑、绘制、移动、注释、查看图像和输入文字，如图1-12所示。

三、窗口

窗口可以完成各种图像处理操作和工具参数设置，Photoshop CS6共提供了导航器、动作、段落、工具预设、历史记录、路径、色板、通道、图层、信息、颜色、样式、字符、画笔等面板，如图1-13所示。

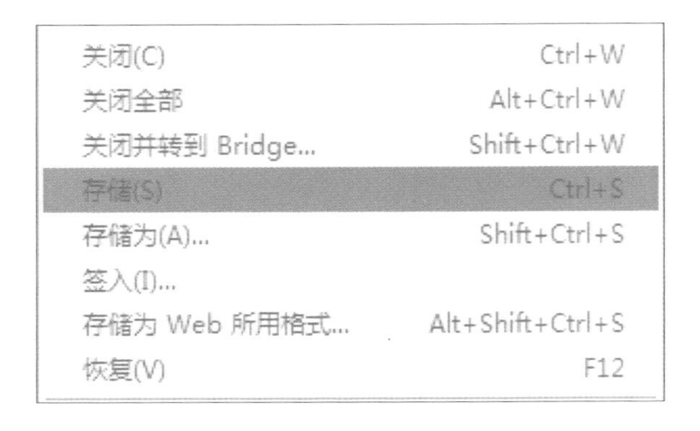

图1-10　当前命令不可用

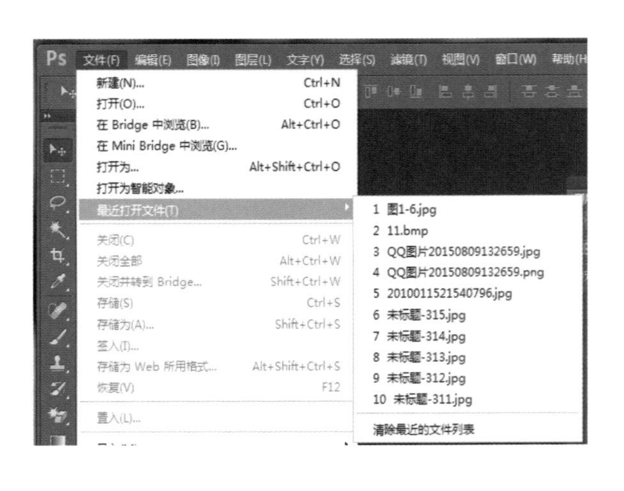

图1-11　子菜单

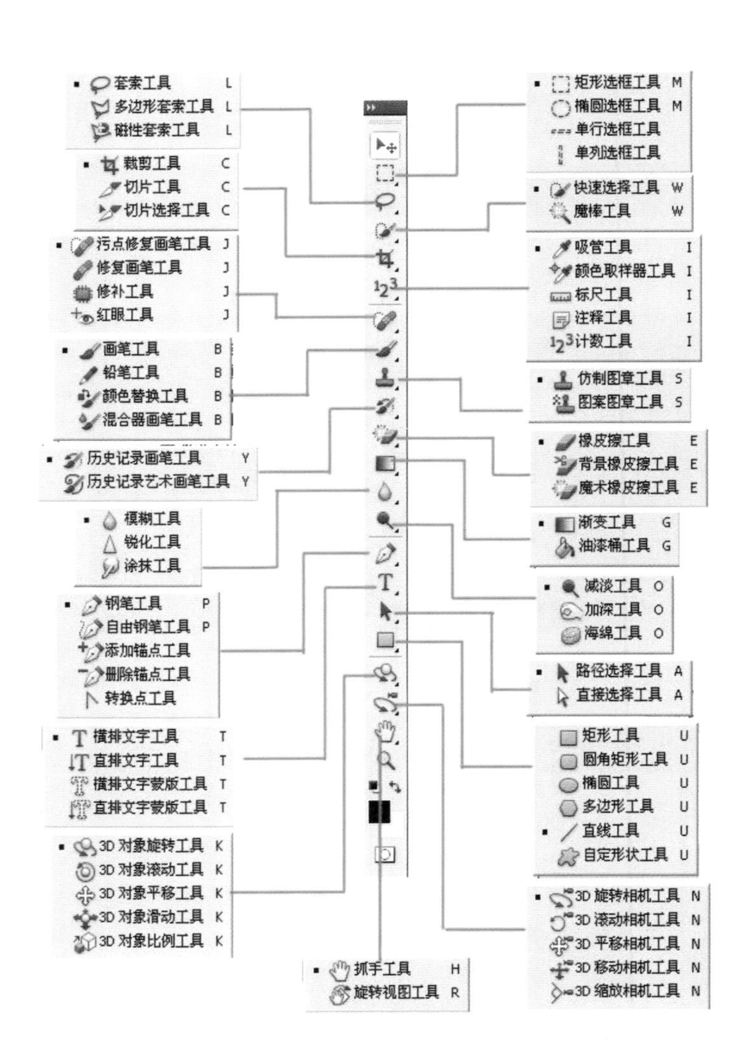

图1-12　控制面板

（1）导航器：用来显示图像缩略图，可缩放显示比例，迅速移动图像的显示内容，如图1-14所示。

（2）动作：用来录制一连串的编辑操作，以实现操作自动化，如图1-15所示。

（3）段落：用来控制和修改文本的段落格式。

（4）工具预设:用来设置画笔、文本等各种工具的预设参数。

（5）历史记录：用来恢复图像或指定恢复上一步操作，如图1-16所示。

（6）路径：用来建立矢量式的图像路径。

（7）色板：使用功能类似于颜色控制面板。

（8）通道：用来记录图像的颜色数据和保存蒙版内容。

（9）图层：用来控制图层的操作，如图1-17所示。

（10）信息：用于显示鼠标位置的坐标值、鼠标当前位置颜色的数值。当在图像中选择一块图像或者移动图像时，会

图1-14　导航器

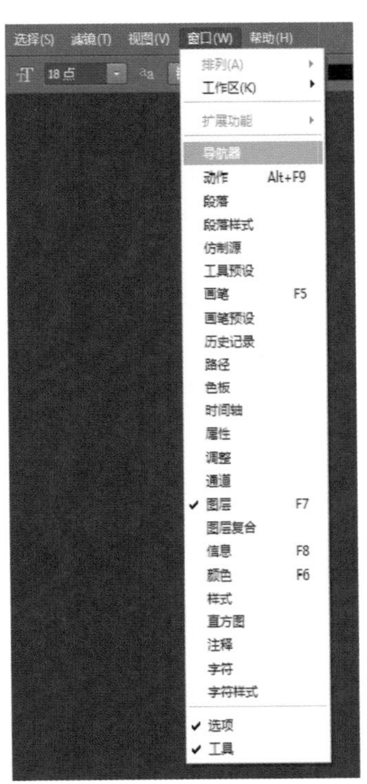

图1-13　窗口

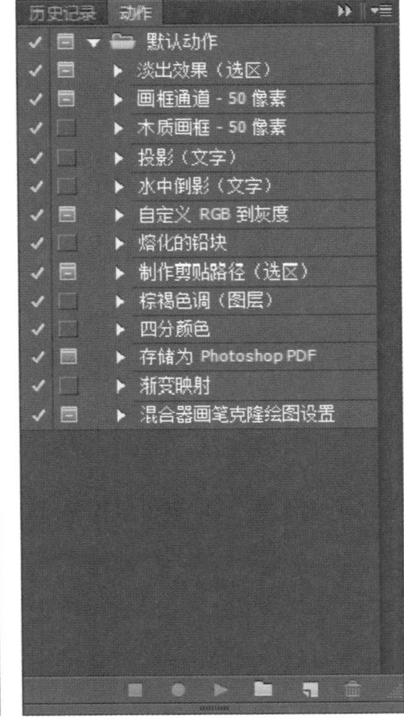

图1-15　动作

图1-16　历史记录

显示所选范围的大小、旋转角度的信息。

（11）颜色：用来填充图形。

（12）样式：用来给图形添加样式。

（13）字符：用来控制文字的字符格式。

第三节 图像文件的基本操作

本节将介绍Photoshop CS6的一些基础操作方法，如图像文件的新建、打开、关闭和保存等。

一、新建文件

在文件菜单下单击“新建”命令或者按下“Ctrl+N”快捷键可以新建图像。如图1-18、图1-19所示。

（1）宽度、高度：可以设定新建图纸的宽度和高度，这里要注意单位栏中有厘米、毫米、像素、英寸、点、派卡和列等供选择。

（2）分辨率：注意分辨率的设置，分辨率越大，图像越清楚，文件也越大，存储时占的硬盘空间越大，单位有：像素/厘米，像素/英寸。

（3）颜色模式：一共五种模式：位图、灰度、RGB颜色、CMYK颜色、Lab颜色。

（4）背景内容：白色，表示新建的图像颜色为白色；背景色，表示新建的图像颜色与当前工具栏中背景色相同；透明色，表示新建的图像背景没有颜色，如图1-20所示。

设定完成新建文件的各项参数后，单击确定按钮或按下回车键，就可以建立一个新文件。

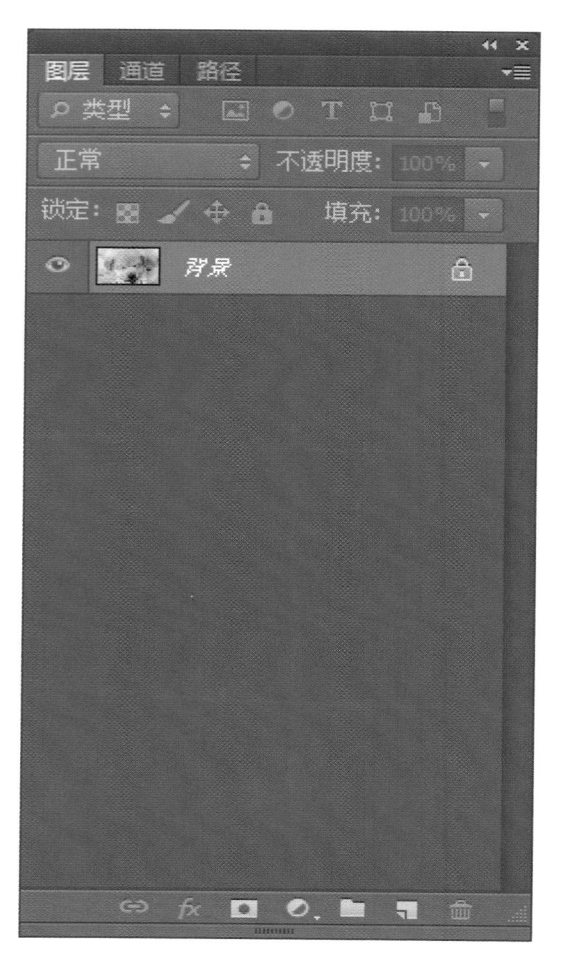

图1-17 图层

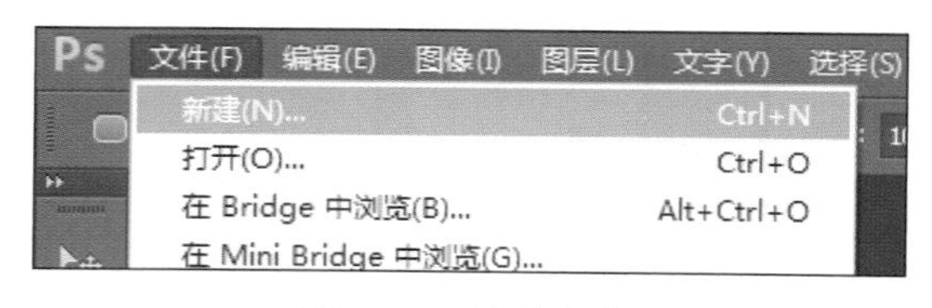

图1-18 新建命令

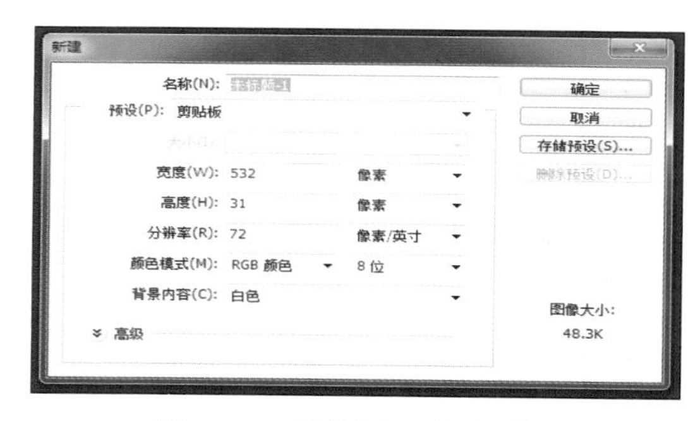

图1-19 “新建窗口”对话框

二、打开文件

（1）在文件菜单下单击“打开”命令或按“Ctrl+O”快捷键，如图1-21所示。如果想打开多个文件，可以按下Shift键，选择连续的文件；如果按Ctrl键，则可选择不连续的多个文件。

（2）打开最近打开过的图像：选择“最近打开文件”命令，就可以打开最近用过的图像，如图1-22所示。

三、关闭文件

要关闭文件有如下几种方式。

（1）双击图像窗口标题栏左侧的图标按钮。

（2）单击图像窗口标题栏右侧的关闭按钮。

（3）在文件菜单下单击“关闭”命令。

（4）按下“Ctrl+W”或“Ctrl+F4”快捷键。

（5）若同时打开了多个图像窗口，并想把它们都关闭。可以单击“关闭全部”命令。

四、保存文件

关闭文件前要先保存文件。选择文件菜单下的“存储”、“另存为”，或按“Ctrl+S”快捷键即可弹出保存文件对话框，在格式中可以选择PSD、TIF、BMP、JPEG、GIF等格式保存当前文件，如图1-23所示。

五、调整文件尺寸

在操作过程中，如果图像尺寸不符合各方面要求，可通过下面的方法来调整

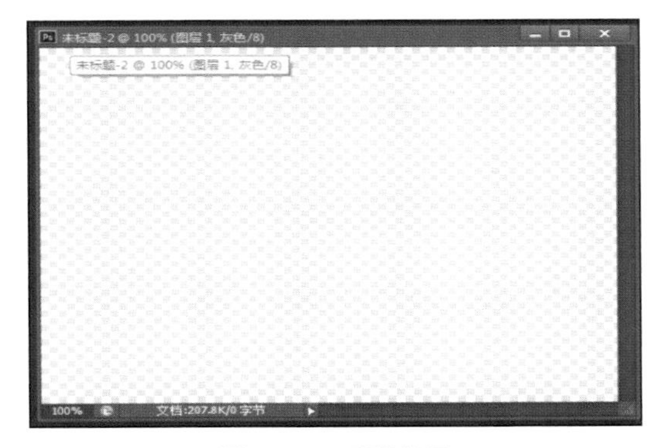

图1-20　透明背景

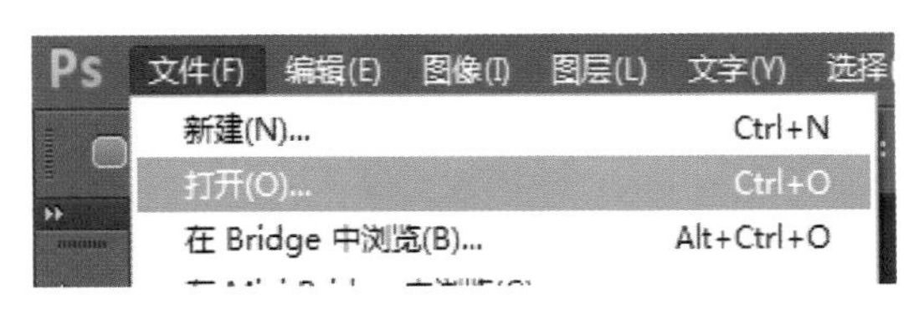

图1-21　打开文件

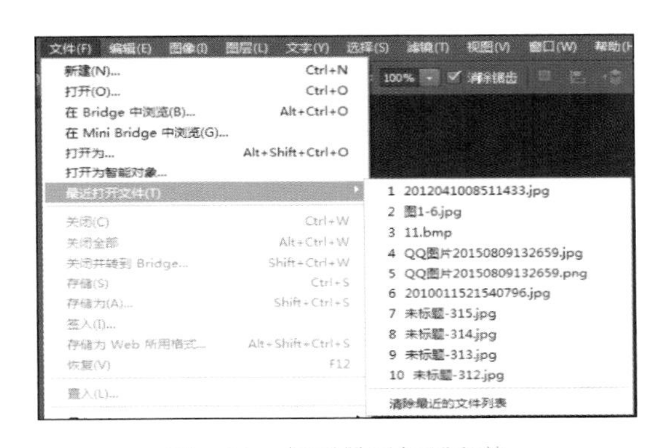

图1-22　打开最近打开文件

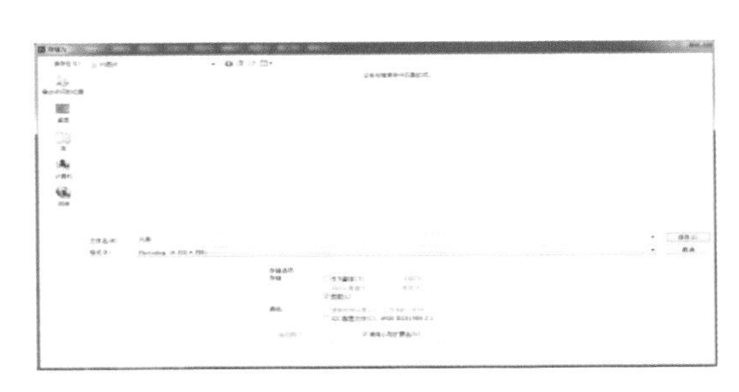

图1-23　“保存文件”对话框

图像的大小。

1. 使用“图像大小”命令调整

选择“图像”→“图像大小”命令，弹出“图像大小”对话框，如图1-24所示。在该对话框中可对图像的大小进行调整。

在该对话框中的“像素大小”选项区

图像文件的基本操作是每次都要进行的操作，特别是重要操作节点时要注意保存。

中可以设置图像的宽度和高度，来调整图像显示的尺寸；在“文档大小”选项区中可设置图像的打印尺寸和打印分辨率；若选中“约束比例”复选框，在改变图像的宽度或高度时，将自动按比例进行对应调整，以使图像的比例保持不变；选中“重定图像像素”复选框，在改变打印分辨率时，将自动改变图像的像素数，而不改变图像的打印尺寸。同时，用户还可以通过单击该复选框右侧的三角形按钮，在弹出的下拉列表中选择插值的方法。

设置完成后，单击“确定”按钮，即可更改图像的大小。

2. 使用“画布大小”命令调整

打开一幅图像文件后，如果需要在不改变图像分辨率的情况下对图像的画布进行调整，可选择“图像”→“画布大小”命令，弹出“画布大小”对话框，如图1–25所示。

在该对话框中的“新建大小”选项区中可设置新的画布宽度与高度值，若输入尺寸小于原来尺寸，就会在图像四周裁剪图像，反之，则会增加空白区域；在“定位”选项中可设置进行操作的中心点，默认的是以图像中心为裁剪或增加空白区的中心点。图1–26、图1–27所示为调整画布大小的前后效果。

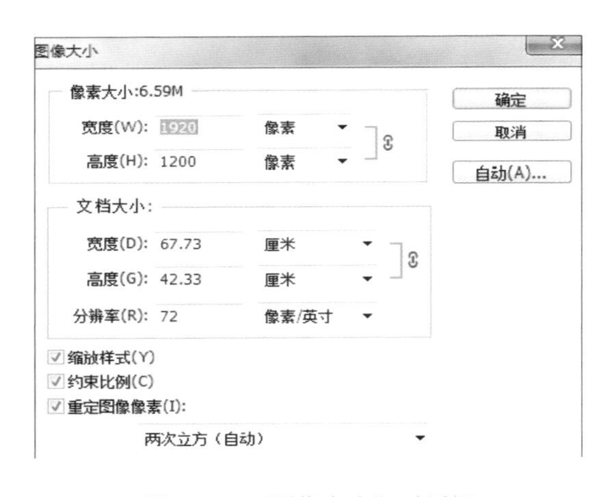

图1–24 “图像大小”对话框

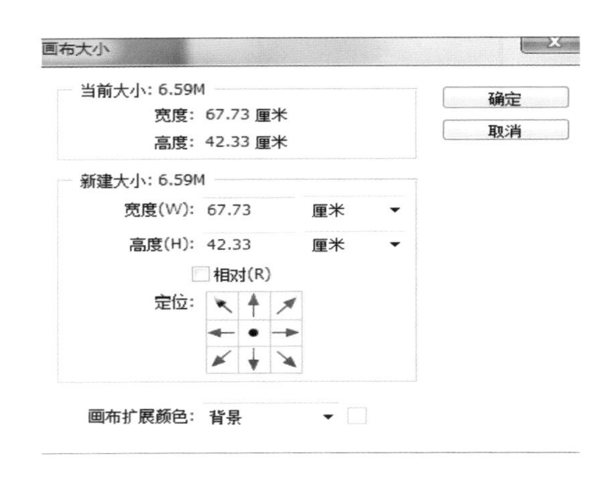

图1–25 “画布大小”对话框

图1–26 调整前

图1–27 调整后

第四节
窗口操作

在编辑图像的过程中，为了更清晰地观察图像或处理图像，经常需要对图像窗口的显示方式进行设置，比如改变图像的位置和大小，图像窗口的叠放和切换或对图像中的某一局部进行放大或缩小。

一、改变窗口的大小和位置

用鼠标拖动某一文件的标题栏即可将该文件拖动到指定的位置。如果想改变某一图像窗口的大小可以将鼠标移动到文件的边或角，进行拖动，如图1−28所示。

二、改变窗口叠放层次

在编辑两个以上的图像时，为了方便操作，可以对图像窗口的排列方式进行调整。选择窗口菜单中的“排列”命令，可以有多种排列方式，如图1−29所示。以下为其中几种排列方式的效果。

全部垂直拼贴：当前打开6张图片，选择该命令后效果如图1−30所示。

全部水平拼贴：当前打开6张图片，选择该命令后效果如图1−31所示。

双联垂直：当前打开2张图片，选择该命令后效果如图1−32所示。

三联水平：当前打开3张图片，选择

了解在编辑图像的过程中，如何设置图像窗口的显示方式，改变图像的位置和大小，图像窗口的叠放和切换。

图1−28　改变窗口大小及位置

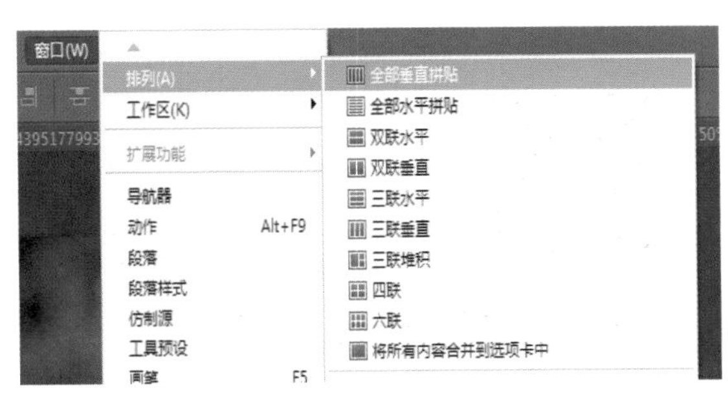

图1−29　排列窗口

图1−30　全部垂直拼贴

该命令后效果如图1-33所示。

三联垂直：当前打开3张图片，选择该命令后效果如图1-34所示。

三联堆积：当前打开3张图片，选择该命令后效果如图1-35所示。

六联：当前打开6张图片，选择该命令后效果如图1-36所示。

将所有内容合并到选项卡中：当前打开6张图片，选择该命令后效果如图1-37所示。

三、调整显示比例

在编辑图像的过程中，为了更清晰地观察图像或处理图像，经常需要对图像窗口的显示方式进行设置或对图像中的某一局部进行放大或缩小。

缩放整个图像或局部图像，有利于用户更方便地进行操作和编辑图像。利用工具箱中的“缩放工具”按钮 ，可将图

图1-31　全部水平拼贴

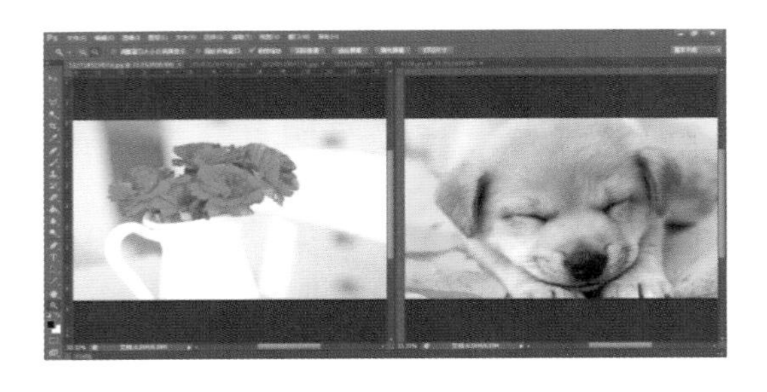

图1-32　双联垂直

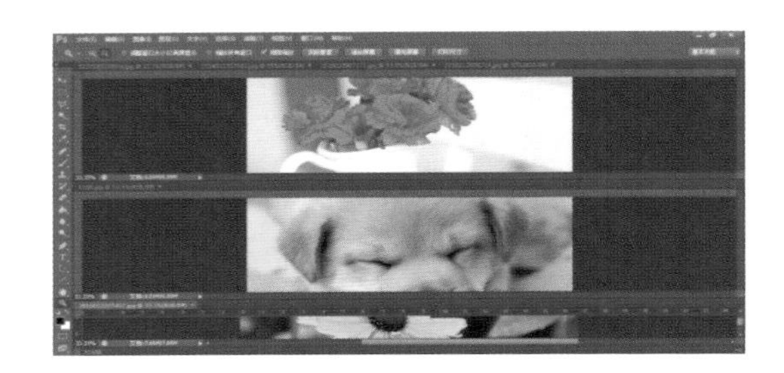

图1-33　三联水平

图1-34　三联垂直

图1-35　三联堆积

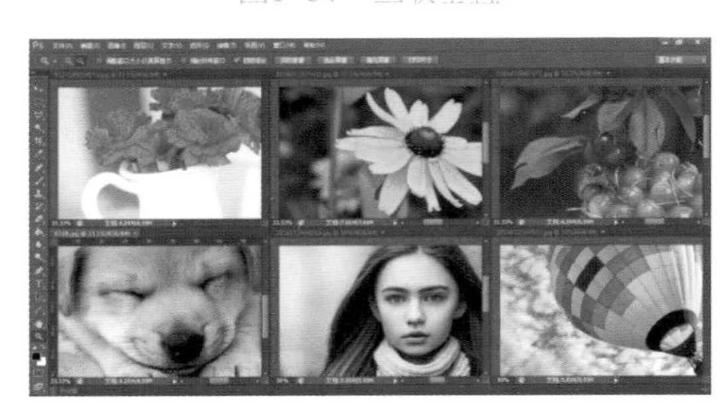

图1-36　六联

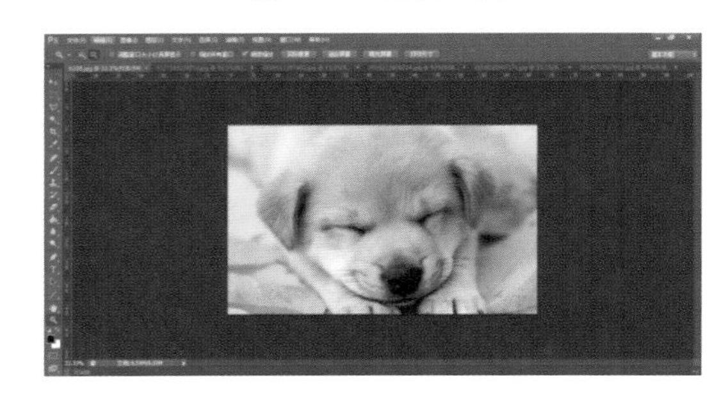

图1-37　将所有内容合并到选项卡中

像放大或缩小。如图1–38所示为缩放工具属性栏。

四、标尺、网格和参考线

在Photoshop CS6中，标尺、网格和参考线可以辅助用户在图像处理和绘制图像时精确定位图形。

1. 使用标尺

打开菜单选择“视图”→“标尺”命令或按快捷键“Ctrl+R”。调出标尺后，可以看到标尺的原点，通常是在（0,0），我们可以调节标尺原点的位置，将光标放到标尺交汇的地方，用鼠标拖动即可。如图1–39所示。

2. 使用网格和参考线

利用网格和参考线可以在指定的位置建立相应的参考线，作为坐标，这样可以进一步进行精确的作图。如图1–40所示。

新建参考线：在菜单下选择“视图”→“新建参考线”，在弹出的对话框中选择方向和输入位置坐标即可。

清除参考线：当不想用参考线时，可以一次性清除所有添加的参考线，选择“视图”→“清除参考线”即可。

锁定参考线：选择“视图”→“锁定参考线”，同方法也可取消锁定。

参考线显示为浮动在图像上方的一些不会打印出来的线条。

图1–38 缩放工具属性栏

图1–39 使用标尺

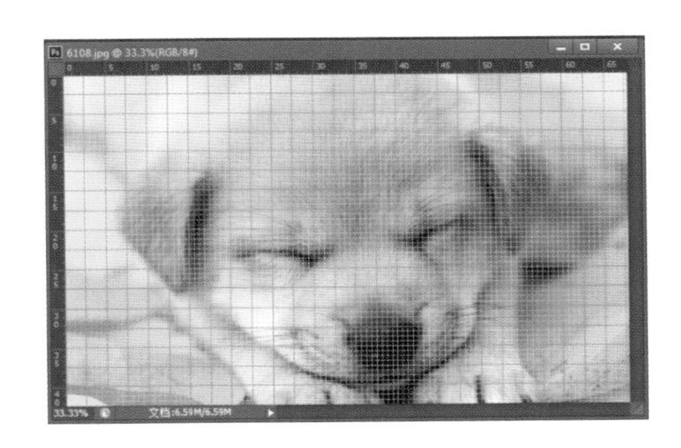

图1–40 使用网格和参考线

本／章／小／结

Photoshop CS6是成熟的图像处理软件版本。它的界面由菜单栏、工具箱、工具属性栏、图像窗口和调板组成。菜单栏分门别类设置了各类命令；工具箱包含了70多种工具，可以编辑图像；工具属性栏用来设置工具的具体参数；图像窗口可以清晰地观察图像；而调板用来观察信息、选择颜色，管理图层、通道、路径和历史记录等。

思考与练习

一、填空题

1. Photoshop是公司推出的________，扩展名是________。

2. ________是一个带有数据信息的正方形小块。

3. 分辨率有3种，分别为________、________和________。

4. 图像类型从其描述原理上可以分为________与________两类。

5. ________也称为点阵图像，它使用无数的彩色网格拼成一幅图像，每个网格称为一个像素。

6. ________也可以称为向量式图像，它是一些由数字公式定义的线条和曲线，数学公式根据图像的几何特性来描绘图像。

二、简答题

1. 简述位图与矢量图的区别?

2. 简述Photoshop的应用领域?

第二章

创建和编辑选区

章节导读

Photoshop CS6中提供了多种创建选区的方法，创建选区工具包括选框工具、套索工具和魔棒工具。其中选框工具是最基本、最常用的创建选区工具，利用它可以在图像中直接创建选区。

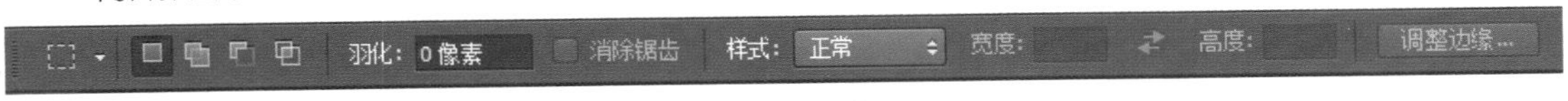

第一节 创建选区工具

一、选框工具组

利用选框工具组可以在图像中创建出规则形状的选区，其中包括矩形选框工具、椭圆选框工具、单行选框工具和单列选框工具4种，如图2-1所示。

1. 矩形选框工具

利用矩形选框工具可以在图像中创建规则的长方形或正方形选区，其具体的操作步骤如下。

（1）单击工具箱中的“矩形选框工具”按钮，其属性栏设置如图2-2所示。

矩形选框工具 M
椭圆选框工具 M
单行选框工具
单列选框工具

图2-1　选框工具组

学习重点：
创建选区工具；
其他创建选区的方法；
修改选区；
编辑选区；
选区内图像的编辑。

羽化: 0像素
消除锯齿
样式: 正常
宽度:
高度:
调整边缘...

图2-2　矩形选框工具栏

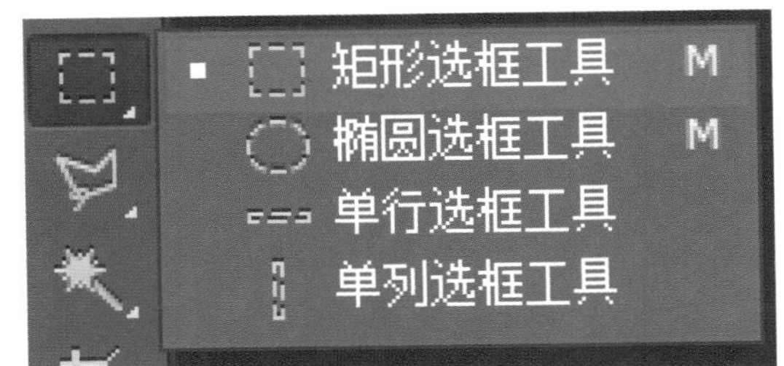

创建选区以后，所有的操作只对选区内的图案有效，而且可以进行多次的操作。若要针对全图操作，必须先取消选区。

（2）利用按钮组可在原有选区的基础上添加选区、减掉选区或相交选区；在“羽化”文本框中可设置选区边缘的柔化程度；在“样式”下拉列表中可选择限制创建选区的比例或尺寸，包括“正常”、“固定长宽比”、“固定大小”3个选项。

（3）设置完成后，在图像中单击鼠标左键并拖曳出一个矩形选框，然后松开鼠标，即可创建一个矩形选区，如图2-3所示。

2. 椭圆选框工具

利用椭圆选框工具可在图像中创建规则形状的椭圆或正圆选区，其具体的操作步骤如下。

（1）单击工具箱中的“椭圆选框工具”按钮，其属性栏设置如图2-4所示。

（2）选中“消除锯齿”复选框，创建选区时可在边缘和背景色之间填充过渡色，使边缘看起来较为柔和，以达到消除锯齿的目的。

（3）设置完成后，在图像中单击鼠标左键并拖曳出一个椭圆选框，然后松开鼠标，即可创建一个椭圆选区，如图2-5所示。

3. 单行选框工具

单行选框工具可在图像中创建高度为

图2-3　创建矩形选区

图2-5　创建椭圆选区

图2-4　椭圆选框工具栏

小贴士

在创建选区时，用户可以结合一些其他的按键来达到某些特定的效果，具体方法如下。

（1）在创建选区时，按住“Shift”键可以在图像中创建正方形或正圆形选区。在已有选区时添加选区，也可按住“Shift”键（指针旁会出现一个加号）以添加选区。

（2）在创建选区时，按住“Alt”键可以按指定的中心创建选区。在已有选区时减去选区，也可按住“Alt”键（指针旁会出现一个减号）以减去选区。

图2-6 单行选框工具栏

1像素的单行选区，具体操作步骤如下。

（1）单击工具箱中的“单行选框工具”按钮，其属性栏设置如图2-6所示。

（2）设置完成后，用鼠标左键在图像中单击，此时在图像要选择的区域中就会出现一条横线，该条横线即为创建的单行选区，如图2-7所示。

4. 单列选框工具

利用单列选框工具可创建宽度为1像素的单列选区，具体操作步骤如下。

（1）单击工具箱中的“单列选框工具”按钮，其属性栏设置如图2-8所示。

（2）设置完成后，用鼠标左键在图像中单击，此时在图像要选择的区域中就会出现一条竖线，该条竖线即为创建的单列选区，如图2-9所示。

图2-7 创建单行选区

二、套索工具组

利用套索工具组可以在图像中创建不规则形状的选区，其中包括套索工具、多边形套索工具和磁性套索工具3种，如图2-10所示。

1. 套索工具

利用套索工具可在图像中创建任意形状的选区，其具体的操作步骤如下。

（1）单击工具箱中的“套索工具”按钮，其属性栏设置如图2-11所示。

（2）设置完成后，在图像中单击鼠标左键并拖曳定义选区，然后释放鼠

图2-9 创建单列选区

图2-10 套索工具组

图2-8 单列选框工具栏

图2-11 套索工具栏

标，系统会自动用直线将创建的选区连接成一个封闭的选区。如图2-12所示为利用套索工具创建的选区。

2. 多边形套索工具

利用多边形套索工具可在图像中创建多边形的选区，具体操作步骤如下。

（1）单击工具箱中“多边形套索工具”按钮，属性栏设置如图2-13所示。

（2）设置完成后，用鼠标左键在图像中单击确定起始点，移动鼠标到下一个转折点处，再单击鼠标左键，继续此操作，直到所有的选区范围都被选取后，回到起始点处，此时鼠标光标右下角会出现一个小圆圈，即表示可以封闭选择区域，单击鼠标左键即可完成选择操作，效果如图2-14所示。如果选择没有回到起始点处，可以双击鼠标左键，系统将会自动以直线将双击点与起始点闭合。

3. 磁性套索工具

磁性套索工具是依据要选择的图像边界的像素点颜色来进行选择的，适用于图像边界与背景颜色相差较大的图像创建选区，具体操作步骤如下。

（1）单击工具箱中的“磁性套索工具”按钮，其属性栏设置如图2-15所示。

（2）在文本框中可设置在创建选区时的探测宽度（探测从光标位置开始，到指定宽度以内的范围）；在“对比度”文本框中可设置边缘的对比度；在“频率”文本框中可设置添加到路径中锚点的密度；选中  按钮，可在创建选区时设置绘图板的画笔压力。

（3）设置完成后，用鼠标左键在图像中单击确定起始点，松开鼠标沿着需要选取的图像边缘拖动鼠标，系统会自动在光标轨迹附近查找颜色对比度最大的边界建立选区线，当选取完成后，光标回到起始点处时，其右下角会出现一个小圆圈，此时单击鼠标左键即可封闭选择区域，如图2-16、图2-17所示。

掌握选框工具、套索工具和魔棒工具，利用套索工具组在图像中创建不规则形状的选区。

图2-12　用套索工具创建选区

图2-14　用多边形套索工具创建选区

羽化：1像素　消除锯齿　调整边缘...

图2-13　多边形套索工具栏

羽化：0像素　消除锯齿　宽度：10像素　对比度：10%　频率：100　调整边缘...

图2-15　磁性套索工具栏

图2-16　自动延光标建立选区

图2-17　完成选区

取样大小：取样点　容差：5　消除锯齿　连续　对所有图层取样　调整边缘...

图2-18　魔棒工具栏

第二节
其他创建选区的方法

除了前面介绍的创建选区的方法外，在Photoshop CS6中还可以使用魔棒工具、色彩范围命令以及全选命令来创建选区。

一、魔棒工具

利用魔棒工具可以根据一定的颜色范围来创建选区。单击工具箱中的“魔棒工具”按钮，其属性栏如图2-18所示。

在“容差”文本框中输入数值，可以设置选取的颜色范围，其取值范围为1～255，数值越大，选取的颜色范围就越大，如图2-19是容差值为10的效果，图2-20是容差值为50的效果。

选中“对所有图层取样”复选框，可选取图像中所有图层中颜色相近的范围。反之，只在当前图层中选择。

选中“连续”复选框，在创建选区时，只在与鼠标单击相邻的范围内选择，否则将在整幅图像中选择，如图2-21是选择连续的效果，图2-22是取消连续的效果。

图2-19　容差为10的效果

图2-20　容差为50的效果

图2-21　选中连续的效果

图2-22　取消连续的效果

魔棒工具是一种快捷抠图工具，对于一些分界线比较明显的图像可以快速地将图像抠出。

二、色彩范围命令

利用色彩范围命令可以从整幅图像中选取与某颜色相似的像素，而不只是选择与单击处颜色相近的区域。

（1）按“Ctrl+O”键，打开一幅图像，选择“选择”→“色彩范围”命令，弹出“色彩范围”对话框，如图2-23所示。

在“选择”下拉列表中是定义选取颜色范围方式的选项，如图2-24所示。其中红色、黄色、绿色等选项用于在图像中指定选取某一颜色范围；高光、中间调和阴影这些选项用于选取图像中不同亮度的区域；溢色选项可以用来选择在印刷中无法表现的颜色。

在“颜色容差”文本框中输入数值，数值越大，包含的相似颜色越多，选取范围也就越大。

单击按钮，可以吸取所要选择的颜色；单击按钮，可以增加颜色的选取范围；单击按钮，可以减少颜色的选取范围。

选中“选择范围”选框可以查看原图像在所创建的选区下的显示情况。

选中“反相”复选框可将选区与非选区互相调换。

（2）当用户在“色彩范围”对话框中设置好参数后，单击“确定”按钮，所有与用户设置相匹配的颜色区域都会被选取，效果如图2-25所示。

（3）如果要修改选区，可使用或单击图像增加或减小选区。

图2-23 “色彩范围”对话框

图2-24 “选择”下拉列表

（a）

（b）

图2-25 与设置相匹配的颜色区域被选中

三、全选命令

利用全选命令可以一次性将整幅图像全部选取，具体的操作方法如下。

打开一幅图像，选择“选择”→“全部”命令，或按“Ctrl+A”快捷键，即可将图像全部选取，如图2-26所示。

图2-26　全选图像

第三节　修改选区

修改选区的命令包括边界、平滑、扩展、收缩和羽化5个，它们都集中在“选择”→“修改”命令子菜单中，用户利用这些命令可以对已有的选区进行更加精确的调整，以得到满意的选区。

一、边界命令

应用边界命令后，以一个包围选区的边框来代替原选区，该命令用于修改选区的边缘，具体操作方法如下。

（1）打开一幅图像，并为其创建选区，效果如图2-27所示。

图2-27　创建选区

（2）选择“选择”→“修改”→“边界”命令，弹出“边界选区”对话框，在“宽度”文本框中输入数值，即设置选区外界边框的大小，如图2-28所示。

图2-28　“边界选区”对话框

（3）设置完成后，单击“确定”按钮，效果如图2-29所示。

图2-29　设置边界后效果

对已有选区进行多种修改，可以做出不同的画面效果。

二、平滑命令

平滑命令是通过在选区边缘增加或减少像素来改变边缘的锯齿状，以达到平滑的选区效果。在如图2-30所示的选区的基础上选择“选择”→“修改”→“平滑”命令，弹出“平滑选区”对话框，在“取样半径”文本框中输入数值，即设置其平滑程度，效果如图2–31所示。“平滑选区”对话框如图2–32所示。

三、扩展命令

“扩展选区”对话框如图2–33所示。扩展命令是将当前选区按设定的数目向外扩充，单位为像素。在如图2–34所示选区的基础上选择“选择”→“修改”→“扩展”命令，弹出“扩展选区”对话框，在“扩展量”文本框中输入数值，设置其扩展量，效果如图2–35所示。

图2–30　创建选区

图2–31　设置平滑后效果

图2–32　“平滑选区”对话框

图2–33　“扩展选区”对话框

图2–34　创建选区

图2–35　设置扩展后效果

小贴士

“选择”菜单中的“扩大选取”和“选取相似”命令也可以扩展选区。选择“扩大选取”命令时，可以按颜色的相似程度（由魔棒工具属性栏中的容差值来决定相似程度）来扩展当前的选区；选择“选取相似”命令时，也是按颜色的相似程度来扩大选区，但是，扩展后的选区并不一定与原选区相邻。

四、收缩命令

收缩命令与扩展命令相反，收缩命令可以将当前选区按设定的像素数目向内收缩。在如图2–36所示的选区的基础上，选择“选择”→“修改”→“收缩”命令，弹出“收缩选区”对话框，在“收缩量”文本框中输入数值30，设置其收缩量，效果如图2–37所示。“收缩选区”对话框如图2–38所示。

五、羽化选区

利用羽化命令可以使图像选区的边缘产生模糊效果，具体操作步骤如下。

（1）打开一幅图像，并在其中创建选区，如图2–39所示。

（2）选择“选择”→“羽化”命令，或按“Ctrl+Alt+D”快捷键，弹出“羽化选区”对话框，在“羽化半径”文本框中输入数值30，设置羽化的效果，数值越大，选区的边缘越平滑。

（3）设置完单击“确定”按钮，即可羽化选区，效果如图2–40所示。“羽化选区”对话框如图2–41所示。

图2–36　创建选区

图2–37　设置收缩后效果

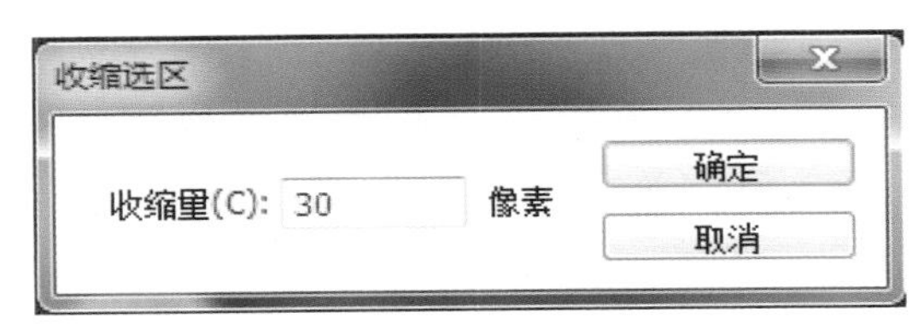

图2–38　“收缩选区”对话框

图2–39　创建选区

图2–40　设置羽化后效果

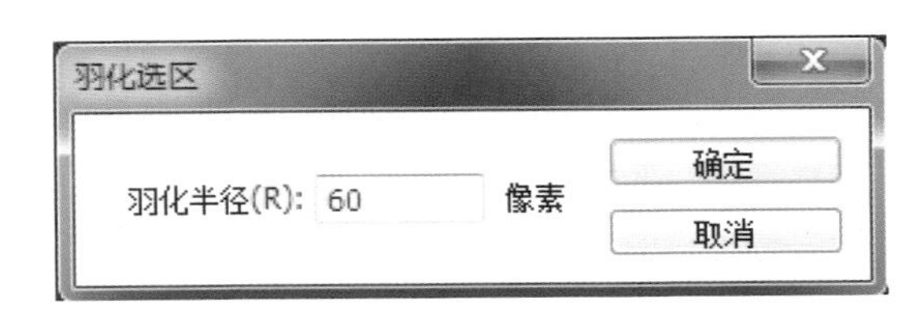

图2–41　“羽化选区”对话框

第四节 编辑选区

利用编辑选区命令可以对已有选区进行编辑操作，如反向、移动、羽化、变换、填充、描边等，下面分别进行介绍。

一、反向选区

反向命令可将当前图像中的选区和非选区相互转换，具体操作方法如下。

打开一幅图像并创建选区，然后选择“选择”→“反向”命令，或按“Shift+Ctrl+I”快捷键，系统会将已有选区进行反向选取，如图2-42、图2-43所示。

图2-42　创建选区

图2-43　反向选区

二、移动选区

要移动选区，只需将光标移动到选区内，当光标变为 形状时，拖动鼠标即可移动，如图2-44、图2-45所示。

图2-44　创建选区

图2-45　移动选区

三、变换选区

变换选区命令可对已有选区做任意形状的变换，如放大、缩小、旋转等。下面通过一个例子介绍变换选区命令的使用方法，具体操作步骤如下。

（1）按“Ctrl+O”快捷键，打开一幅图像并创建选区，如图2-46所示。

（2）选择“选择”→“变换选区”命令，选区的边框上将会出现8个节点，将鼠标光标移至选区内拖动，可以将选区

小贴士

使用键盘上的方向键（上、下、左、右键），每次以1像素为单位移动选区。按住“Shift”键再使用方向键，则每次以10像素为单位移动选区。

移到指定的位置，如图2-47所示。

（3）将鼠标移至一个节点上，当鼠标光标变成 形状时，拖动鼠标可以调整选区大小，如图2-48所示。

（4）将鼠标移至选区以外的任意一角，当鼠标光标变成形 状时，拖动鼠标可以旋转选区，效果如图2-49所示。

（5）用鼠标右键单击变换框，可弹出如图2-50所示的快捷菜单，在其中可以选择不同的命令对选区进行相应的变换。图2-51所示为使用斜切命令调整后的选区效果。

（6）选区变换后，按“Enter”键可确认变换操作，按“Esc”键可以取消变换操作。

图2-46　创建选区

图2-47　移动选区

图2-48　调整选区大小

图2-49　旋转选区

四、填充选区

利用填充命令可以在创建的选区内部填充颜色或图案。下面介绍填充命令的使用方法，具体操作步骤如下。

（1）按“Ctrl+N”快捷键，新建一幅图像文件，然后单击工具箱中的“套索工具”按钮，在新建图像中创建一个异形选区，效果如图2–52所示。

（2）选择“编辑”→“填充”命令，弹出“填充”对话框，如图2–53所示。

（3）在“使用”下拉列表中可以选择填充时所使用的对象。

（4）在“自定图案”下拉列表中可以选择所需要的图案样式。该选项只有在“使用”下拉列表中选择“图案”选项后才能被激活。

（5）在“模式”下拉列表中可以选择填充时的混合模式。

（6）在“不透明度”文本框中输入数值，可以设置填充时的不透明程度。

（7）选中“保留透明区域”复选框，填充时将不影响图层中的透明区域。

（8）设置完成后，单击“确定”按钮即可填充选区，如图2–54所示为使用前景色和图案填充选区效果。

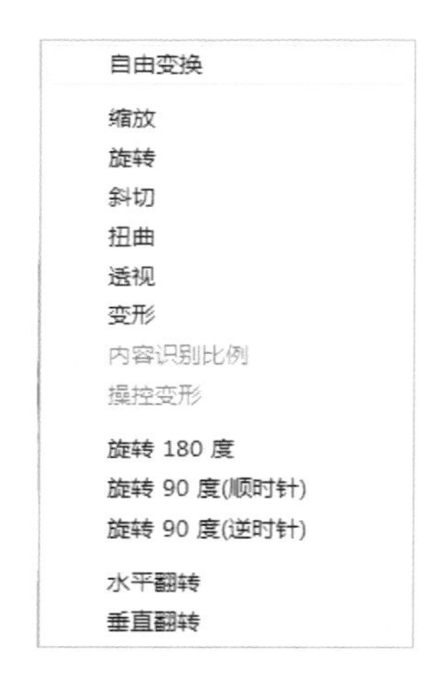

图2–50　变换选区菜单

图2–51　斜切命令调整后效果

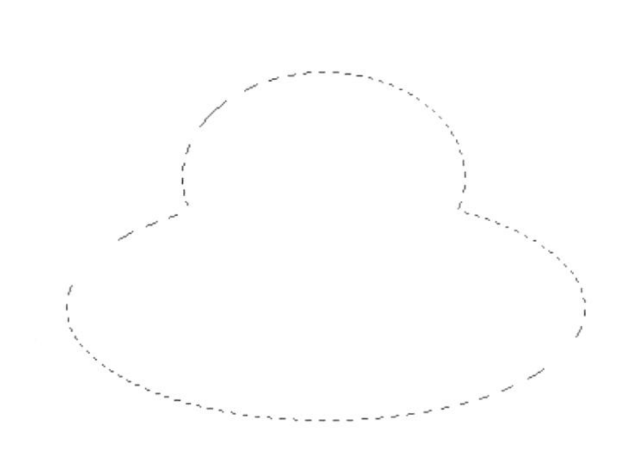

图2–52　创建一个选区

图2–53　“填充”对话框

五、描边选区

利用描边命令可为创建的选区进行描边处理。下面通过一个例子来介绍描边命令的使用方法，具体操作步骤如下。

（1）同样以图2-52所示的异形选区为基础，选择“编辑”→“描边”命令，弹出“描边”对话框，如图2-55所示。

（2）在“宽度”文本框中输入数值，设置描边的边框宽度。

（3）单击“颜色”后的颜色框，可从弹出的“拾色器”对话框中选择合适的描边颜色。如图2-56所示。

六、取消选区

在编辑过程中，当不需要一个选区时，可以将其取消，取消选区常用的方法有以下几种。

（1）选择“选择”→“取消选择”命令取消选区。

（2）“Ctrl+D”快捷键取消选区。

（3）若当前使用的是选取工具，在选区外任意位置单击鼠标左键，即可取消选区。

（4）用鼠标右键单击图像中的任意位置，在弹出的快捷菜单中选择“取消选择”命令取消选区。

当需要载入存储的选区时，可以使用菜单选择下拉列表里载入选区按钮。如果存储了多个选区，就在通道下拉菜单中选择一个。

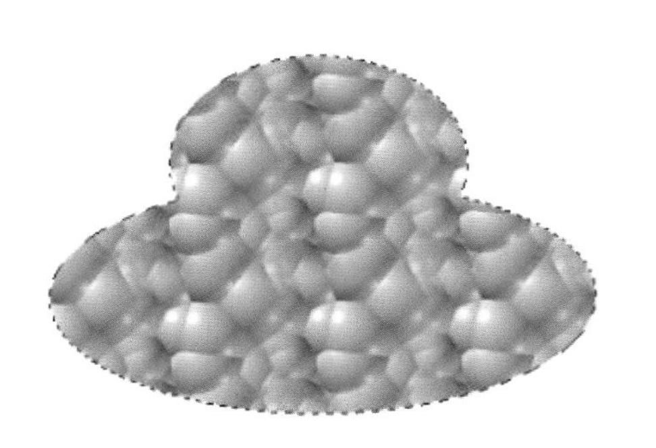

图2-54 使用前景色和图案填充选区效果

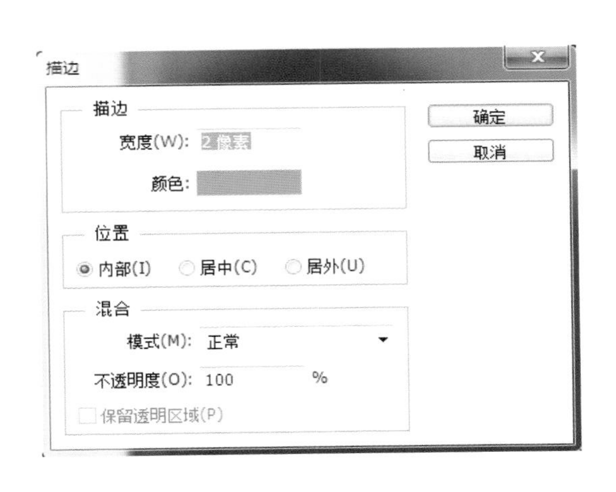

图2-55 “描边”对话框

图2-56 使用描边选区效果

第五节 选区内图像的编辑

本节主要介绍选区内图像的编辑，包括对图像文件进行复制、粘贴、删除、羽化和变形等操作，以下将进行具体介绍。

一、复制与粘贴图像

利用“编辑”菜单中的“拷贝”和“粘贴”命令可对选区内的图像进行复制或粘贴，也可通过按“Ctrl+C”快捷键复制图像，按“Ctrl+ V”快捷键粘贴图像。具体操作方法如下。

（1）打开一幅图像用选取工具在需要复制的部分创建选区，如图2-57所示。

（2）按“Ctrl+C”键复制选区内的图像，按“Ctrl+V”键对复制的选区内图像进行粘贴，然后单击工具箱中的“移动工具”按钮，将粘贴的图像移动到目标位置，效果如图2-58所示。

用户也可同时打开两幅图像，将其中一幅图像中的内容复制并粘贴到另外一幅图像中。

二、删除和羽化图像

在处理图像时，有时需要对部分图像进行删除，必须先对图像中需要删除的部分创建选区，再选择“选择”→“清除”命令，或按“Delete”键进行删除。如果图像中创建的选区不规则，其边缘就会出现锯齿，使图像显得生硬且不光滑，利用“选择”→“羽化”命令可使生硬的

图2-57　创建所需选区

图2-58　复制并粘贴选区效果

小贴士

在图像中需要复制图像的部分创建选区，然后在按住“Alt”键的同时利用移动工具移动选区内的图像，可直接复制并粘贴图像。

图像边缘变得柔和。

下面将通过举例来介绍删除和羽化图像的方法。

（1）打开一幅图像，单击工具箱中的“椭圆选框工具”按钮，将图像中不需要删除的区域创建为选区，如图2-59所示。

（2）选择“选择”→“羽化”命令，或按“Ctrl+Alt+D”快捷键，都可弹出“羽化选区”对话框，设置参数如图2-60所示。

（3）设置完成后，单击“确定”按钮，然后按“Ctrl+Shift+I”快捷键反向选区，效果如图2-61所示。

（4）选择“编辑”→“清除”命令，或按“Delete”键删除羽化后的选区内的图像，效果如图2-62所示，按“Ctrl+D”快捷键取消选区。

三、变形选区内图像

在Photoshop CS6中新增了许多图像变形样式，可利用“编辑”菜单中的“自由变换”和“变换”两个命令来完成，以下将进行具体介绍。

1. 自由变换命令

利用自由变换命令可对图像进行旋转、缩放、扭曲和拉伸等各种变形操作，具体操作方法如下。

（1）打开一幅图像，单击工具箱中的“矩形选框工具”按钮，在图像中创建选区，效果如图2-63所示。

（2）选择“编辑”→“自由变换”命令，在图像边框会出现8个调节点，如图2-64所示。

图2-59　创建不需删除选区

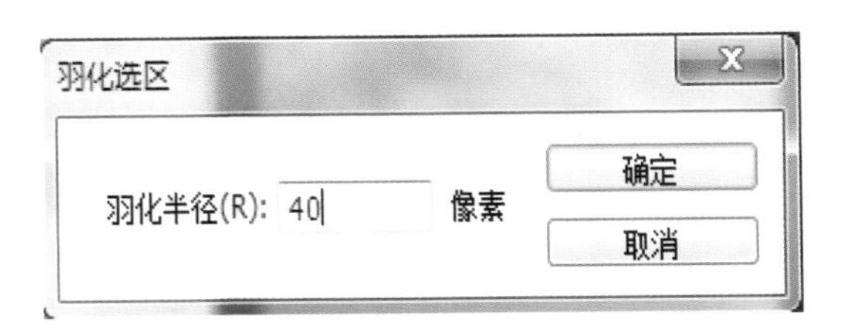

图2-60　“羽化选区”对话框

图2-61　反向选区

图2-62　删除羽化后的选区效果

（3）将鼠标光标置于矩形框周围的节点上单击并拖动，即可将选区内图像放大或缩小，如图2-65所示为缩小选区内的图像效果。

（4）将鼠标光标置于矩形框周围节点附近，单击并移动鼠标可旋转图像，如图2-66所示。

另外，执行自由变换命令以后，在其属性栏中还增加了“变形图像”按钮，单击此按钮其属性栏中会出现选项框，再单击右侧的三角形按钮，则可弹出选择变形图像的下拉列表，如图2-67所示。

以下将展示其中几种图像变形的效果，如图2-68、图2-69、图2-70、图2-71所示。

2. 变换命令

利用变换命令可对图像进行斜切、扭曲、透视等操作，具体操作方法如下。

同样以如图2-63所示的图像选区为基础，选择“编辑”→“变换”→“斜切”命令，在图像周围会显示控制框，单击鼠标并拖曳调整控制框周围的节点，效果如图2-72所示。

利用“扭曲”和“透视”命令变形图像的方法和“斜切”命令相同，“扭曲”效果如图2-73所示。

图2-63　创建选区

图2-64　选择自由变换命令

图2-65　缩小选区内图像效果

图2-66　旋转选区内图像效果

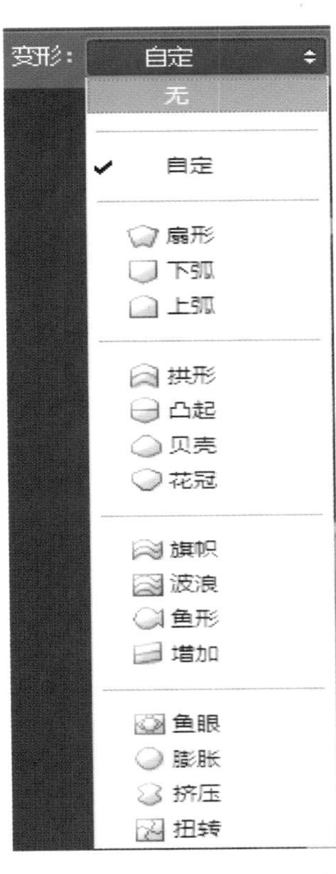

图2-67　变形图像下拉列表

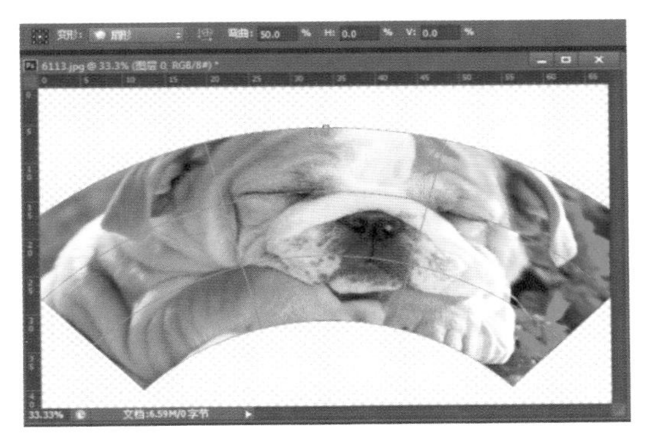

图2-68　扇形

图2-69　下弧

图2-70　拱形

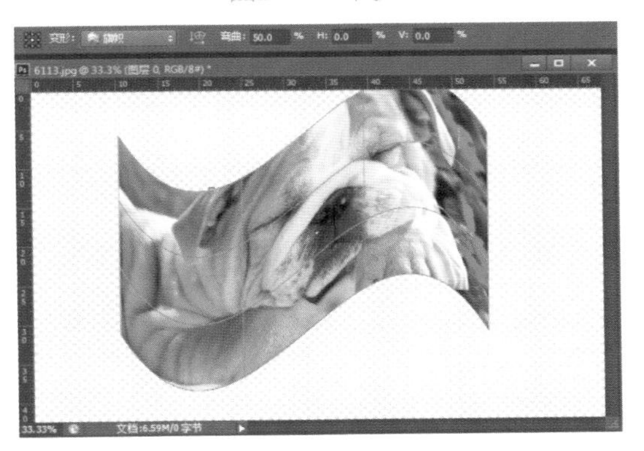

图2-71　旗帜

图2-72　斜切命令效果

图2-73　扭曲命令效果

通过学习，用户掌握各种选取工具的使用方法和技巧，能够熟练使用这些工具创建不同的选区。

本/章/小/结

本章详细介绍了修改选区、编辑选区以及对选区内图像的编辑操作。使用这些命令可以利用快捷键操作。学习本章实际操作对灵活应用Photoshop CS6软件有很大帮助，帮助同学们熟练使用工具创建不同选区，并对所创建选区进行精确修改和编辑操作。

思考与练习

一、填空题

1. 利用磁性套索工具可以选取____________________图像区域。

2. 利用魔棒工具可以根据____________________来创建选区。

二、选择题

1. 下面不能用来创建规则选区的工具是（　）。

（A）矩形选框工具　　（B）椭圆选框工具

（C）魔棒工具　　（D）单行/单列选框工具

2. 利用（　　）命令可以将当前图像中的选区和非选区进行相互转换。

（A）反向　　（B）平滑

（C）羽化　　（D）边界

3. 若要取消制作过程中不需要的选区，可按（　　）键。

（A）Ctrl+N　　（B）Ctrl+D

（C）Ctrl+O　　（D）Ctrl+Shift+I

三、简答题

在Photoshop CS6中，可以使用哪几个命令来修改选区？

四、上机操作题

打开一幅图像，练习使用魔棒工具将图像中的背景选取，并对创建的选区进行羽化（羽化半径为10像素），然后利用填充命令为其填充木质图案。

小贴士

在填充选区时，将“填充”对话框中的“使用”选项设置为“图案”，“自定义图案”选项设置为“木质”图案，其他的参数为默认设置。

第三章

描绘和修饰图像

章节导读

Photoshop CS6中提供了各种绘图和修饰工具，本章主要介绍了各种绘图工具与修饰工具的具体使用方法和技巧，重点掌握图像的描绘、填充、擦除与修饰的方法，从而制作出具有视觉艺术感的图像。

第一节 获取所需的颜色

由于Photoshop CS6中的大部分操作都和颜色有关，因此用户在学习本章其他内容之前应首先学习Photoshop CS6中的颜色设置方法，下面将具体进行介绍。

一、前景色与背景色

在工具箱中前景色按钮显示在上面，背景色按钮显示在下面，如图3-1所示。在默认的情况下，前景色为黑色，背景色为白色。如果在使用过程中要切换前景色和背景色，则可在工具箱中单击“切换颜色”按钮，或按键盘上的“X”键。若要返回默认的前景色和背景色设置，则可在工具箱中单击“默认颜色”按钮，或按键盘上的“D”键。

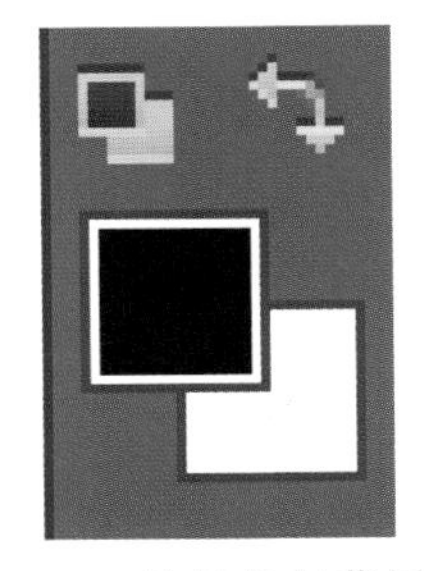

图3-1　前景色与背景色

学习重点：
获取所需的颜色；
图像的描绘；
图像的填充；
图像的擦除；
图像的修饰。

小贴士

在色域图中，左上角为纯白色（R、G、B值分别为255，255，255），右下角为纯黑色（R、G、B值分别为0，0，0）。

若要更改前景色或背景色，可单击工具箱中的“设置前景色”或“设置背景色”按钮，弹出“拾色器”对话框，如图3-2所示。

“拾色器”对话框左侧区域是色域图，在色域图上单击选中的颜色即为用户选取的颜色。中间的彩色长条为色调调节杆，拖动色调调节杆上的滑块可以选择不同的明度范围。在对话框的右下角显示了4种颜色模式（HSB，Lab，RGB和CMYK），在其对应的文本框中输入相应的数值可精确设置所需的颜色。设置完成后，单击“确定”按钮，即可用所选的颜色来填充前景色或背景色。

另外，单击其对话框中的“颜色库”按钮，可弹出“颜色库”对话框，如图3-3所示。

在“颜色库”对话框中，“色库”右侧的下拉列表中共有17种颜色库，这些颜色库是全球范围内不同公司或组织制定的色样标准。由于不同印刷公司的颜色体系不同，可以在“色库”下拉列表中选择一个颜色系统，然后输入油墨数或沿色调调节杆拖动三角滑块，找出想要的颜色。每选择一种颜色序号，该序号相对应的CMYK的各分量的百分数也会相应地发生变化。如果单击一次色调调节杆上端或下端的三角块，三角滑块会向上或向下移动，选择相邻的一种颜色。

二、“颜色”面板

在“颜色”面板中可通过几种不同的颜色模型来编辑前景色和背景色，也可从颜色栏显示的色谱中选取前景色和背景色。选择“窗口”→“颜色”命令，即可打开“颜色”面板，如图3-4所示。

若要使用“颜色”面板设置前景色或背景色，首先在该面板中选择要编辑颜色的前景色或背景色色块，然后再拖动颜色

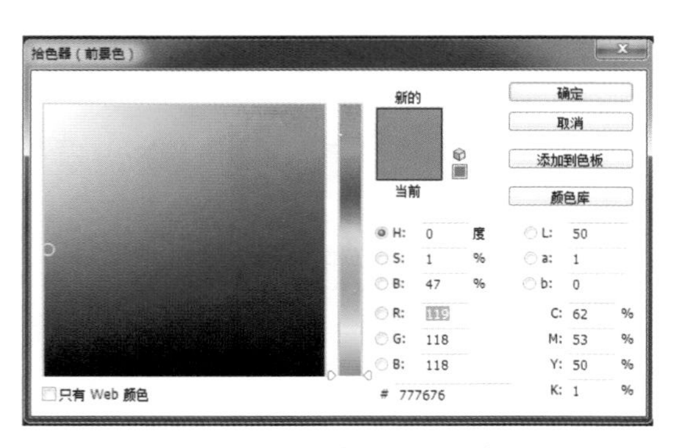

图3-2 “拾色器”对话框

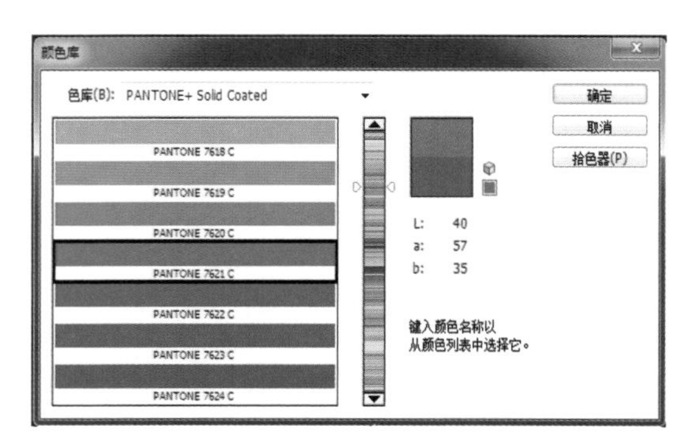

图3-3 “颜色库”对话框

滑块，或在其右边的文本框中输入数值，也可直接从面板中最下面的颜色栏中选取颜色。

三、“色板”面板

在Photoshop CS6中还提供了可以快速设置颜色的“色板”面板，选择“窗口”→“色板”命令，即可打开“色板”面板，如图3-5所示。

在该面板中选择某一个预设的颜色块，即可快速地改变前景色与背景色颜色，也可以将设置的前景色与背景色添加到“色板”面板中，或删除此面板中的某种颜色。还可在“色板”面板中单击下拉按钮，在弹出的下拉列表中选择一种预设的颜色样式添加到色板中作为当前色板，供用户快速使用。

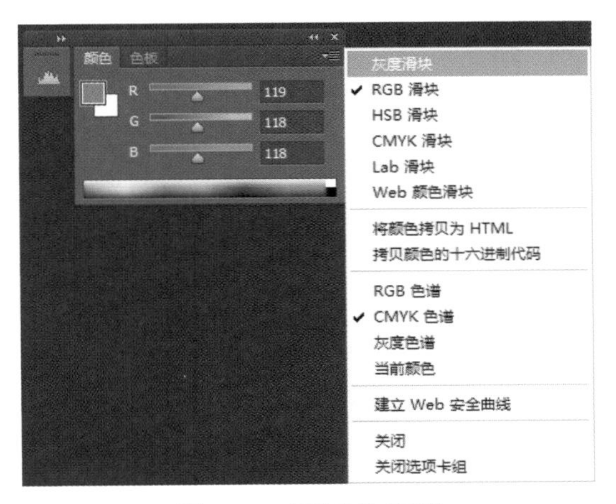

图3-4　“颜色”面板

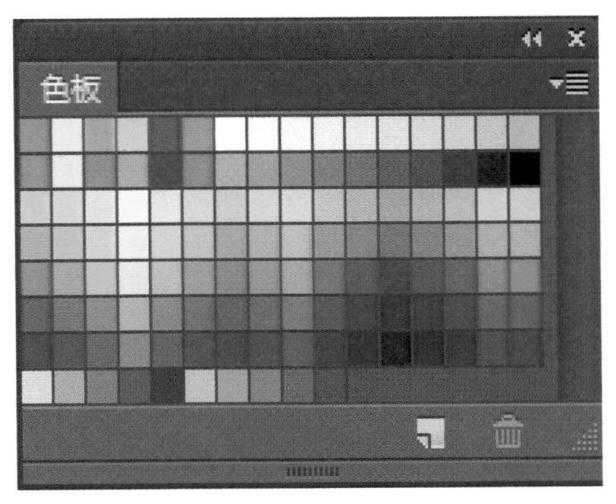

图3-5　“色板”面板

小贴士

按住“Ctrl”键的同时在色板中单击，可以将选中的颜色设置为背景色。

四、吸管工具

使用吸管工具不仅能从打开的图像中取样颜色，也可以指定新的前景色或背景色。单击工具箱中的“吸管工具”按钮，然后在需要的颜色上单击即可将该颜色设置为新前景色。如果在单击颜色的同时按住“Alt”键，则可以将选中的颜色设置为新背景色。“吸管工具”属性栏如图3-6所示。

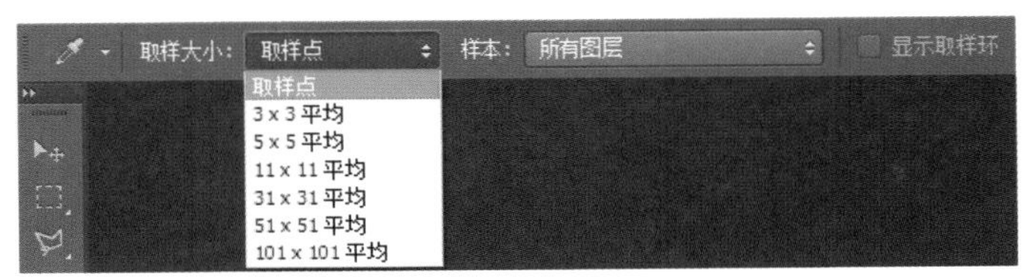

图3-6　吸管工具栏

学习Photoshop CS6中的颜色设置方法，前景色与背景色、“颜色”面板、“色板”面板、吸管工具。

在“取样大小”下拉列表中可以选择吸取颜色时的取样大小。选择“取样点”选项时，可以读取所选区域的像素值；选择“3×3平均”或“5×5平均”选项时，可以读取所选区域内指定像素的平均值。

在吸管工具的下方是颜色取样工具，利用该工具可以吸取到图像中任意一点的颜色，并以数字的形式在“信息”面板中表示出来。如图3-7（a）所示为未取样时的“信息”面板，图3-7（b）为取样后的“信息”面板。

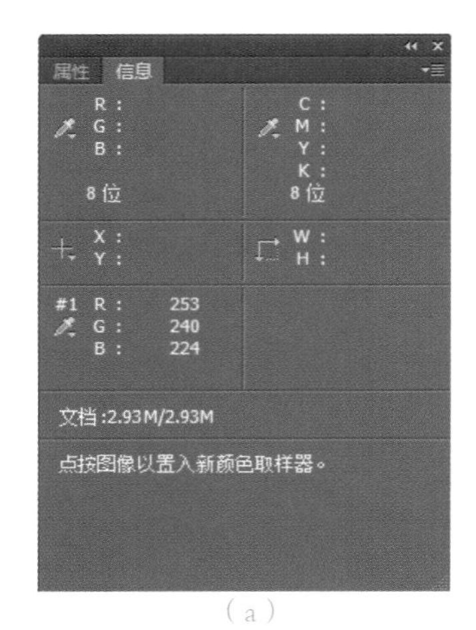

（a）

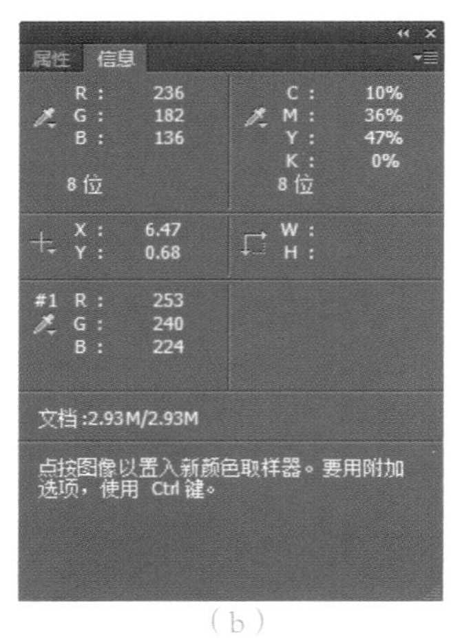

（b）

图3-7 “信息”面板

第二节 图像的描绘

描绘工具是使用前景色描绘图像的，因此在对图像进行描绘前应该先设置好前景色。本节具体介绍几种描绘工具的使用方法。

一、画笔工具

利用画笔工具可使图像产生用画笔绘制的效果。单击工具箱中的“画笔工具”按钮，其属性栏如图3-8所示。

单击 右侧的 按钮，可以在“预设画笔”面板中设置画笔的类型及大小，如图3-9所示。

在“模式”下拉列表中可以选择画笔绘图时的混合模式，在其中选择不同的选项可以使画笔工具画出的线条产生特殊的效果。

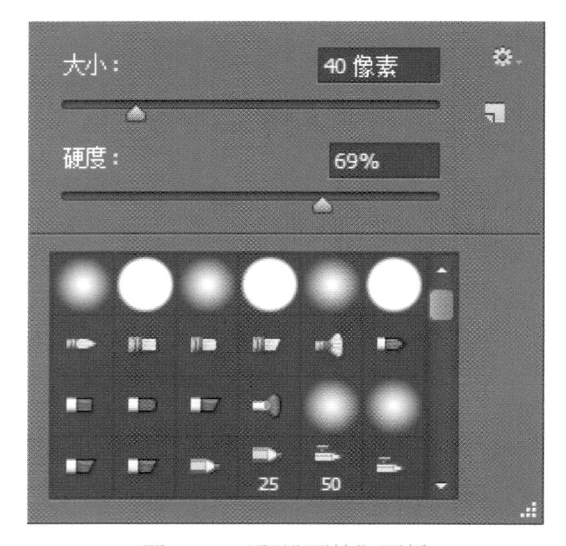

图3-9 “预设画笔”面板

图3-8 画笔工具栏

在“不透明度”文本框中输入数值可设置绘制图形的不透明程度，如图3-10所示，分别为透明度为100%、60%、30%的效果。

图3-10 透明度对应效果

在“流量”文本框中输入数值可设置画笔工具绘制图形时的颜色深浅程度，数值越大，画出的图形颜色明度就越低。

单击 按钮，可在绘制图形时启动喷枪功能。

单击 按钮，可打开“画笔”面板，如图3-11所示，在此面板中可以更加灵活地设置笔触的大小、形状及特殊效果。

（1）选中“画笔笔尖形状”选项，可以设置笔触的形状、大小、硬度以及间距等参数。

（2）选中“形状动态”复选框，可以设置笔尖形状的抖动大小和方向等参数。

（3）选中“散布”复选框，可以设置以笔触的中心为轴向两边散布的数量和抖动的大小。

（4）选中“纹理”复选框，可以设置画笔的纹理，在画布上用画笔工具绘图时，会出现选择图案的纹理。

（5）选中“双重画笔”复选框，可使用两个笔尖创建笔迹，还可以设置画笔形状、直径、数量和间距等参数。

（6）选中“颜色动态”复选框，可以随机地产生各种颜色，并且可以设置饱和度等各种抖动幅度。

（7）选中“其他动态”复选框，可以调整不透明度和流量抖动的幅度。

（8）“杂色”、“湿边”、“喷枪”、“平滑”、“保护纹理”等复选框

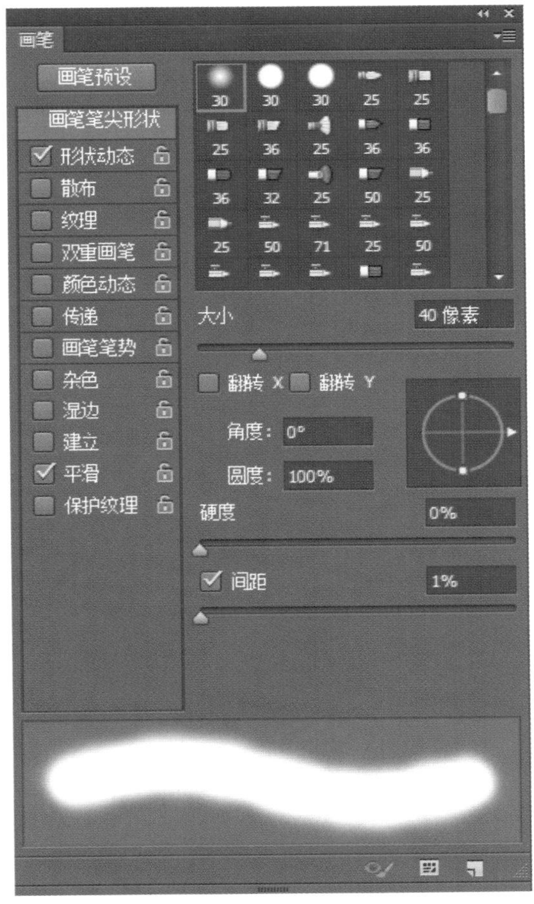

图3-11 “画笔”面板

也可以用来设置画笔属性，但没有参数设置选项，只要选中复选框即可。

在“画笔工具”属性栏中设置好选项后，在图像中拖动鼠标即可进行绘画。若要绘制直线，可用鼠标在图像中单击确定起点，然后按住“Shift”键并拖动鼠标即可。使用喷枪功能时，则按住鼠标左键

画笔工具是Photoshop中最基本的工具之一，虽然其属性板比较简单，但变化非常多。

（不拖动）可增大颜色量。如图3-12、图3-13所示为在“画笔”面板中选择“画笔笔尖形状”选项，并设置适当的参数后绘制的图形。

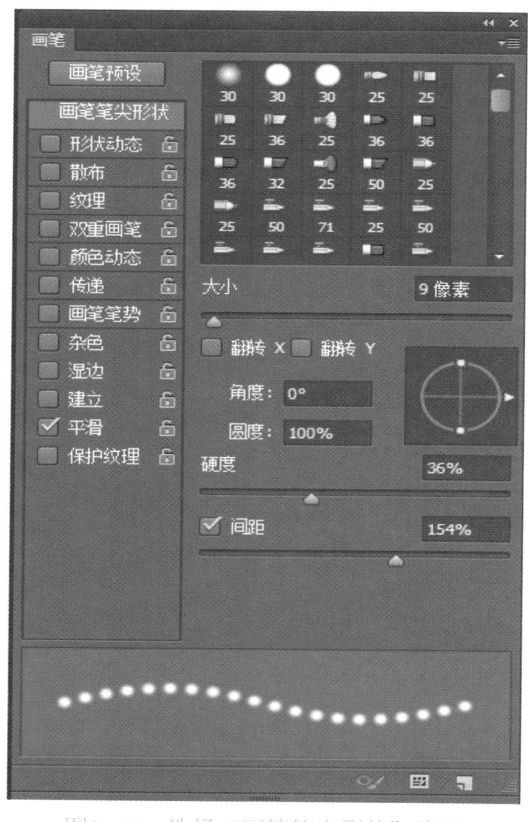

图3-12　选择“画笔笔尖形状”选项

图3-13　设置参数后绘制效果

二、铅笔工具

利用铅笔工具可以在图像中绘制边缘较硬的线条及图像，并且绘制出的形状边缘会有比较明显的锯齿。单击工具箱中的“铅笔工具”按钮，其属性栏中的选项与画笔工具的基本相同，唯一不同的是“自动抹除”复选框，选中此复选框，在绘制图形时铅笔工具会自动判断绘画的初始点。如果像素点颜色为前景色，则以背景色进行绘制；如果是背景色，则以前景色进行绘制。

铅笔工具与画笔工具的绘制方法相同，如图3-14所示为使用铅笔工具绘制的图形。“铅笔工具”属性栏如图3-15所示。

三、仿制图章工具

利用仿制图章工具可将图像中颜色相似的某一部分图像复制到需要修补的区域。单击工具箱中的“仿制图章工具”按钮，其属性栏如图3-16所示。

图3-14　铅笔工具绘制图形

图3-15　铅笔工具栏

图3-16　仿制图章工具栏

掌握画笔工具、铅笔工具、仿制图章工具、图案图章工具使用方法。

选中“对齐”复选框，表示在图像中再次使用仿制图章工具时，所复制的图像与上次复制的图像相同。

在“样本”下拉列表中，可以选择仿制图章工具在图像中取样时将应用于所选图层。

打开一幅图像，选择工具箱中的仿制图章工具，按住“Alt”键将鼠标指针移至图像中需要取样处，当鼠标光标变为 ⊕ 形状时在图像中单击进行取样，再将鼠标指针移至图像中需要修补的位置单击并拖动，即可复制取样处的图像，如图3-17、图3-18所示。

图3-17　取样修补前

图3-18　取样修补后

四、图案图章工具

图案图章工具是用图像的一部分或预置图案进行绘画。单击工具箱中的“图案图章工具”按钮，其属性栏如图3-19所示。

图3-19　图案图章工具栏

单击 21 右侧的 ▾ 按钮，可在打开的面板中选择预设的图案样式，单击其中的任意一个图案，然后在图像中拖动鼠标即可复制图案。

选中“印象派效果”复选框，可使复制的图像效果类似于印象派艺术画效果。

用户可在预设图案中选择一种预设的图案样式，然后在图像中拖动鼠标填充所选的图案，也可自定义图案对图像进行填充。下面通过一个例子来介绍图案图章工具的使用方法，具体操作步骤如下。

（1）打开一幅图像，然后在图像中需要定义的图案处创建选区，如图3-20所示。

（2）选择“编辑”→“定义图案”命令，弹出“图案名称”对话框，如图3-21所示。

图3-20　创建选区

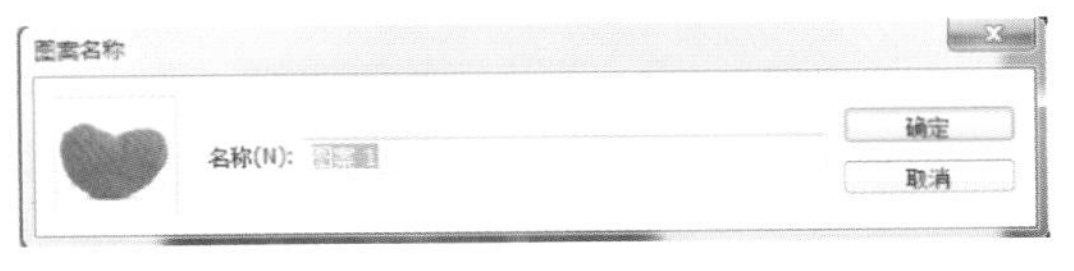

图3-21　“图案名称”对话框

（3）在“名称”文本框中输入定义图案的名称，然后单击“确定”按钮，所定义的图案将被添加到属性栏中的预设图案面板中，如图3-22所示。

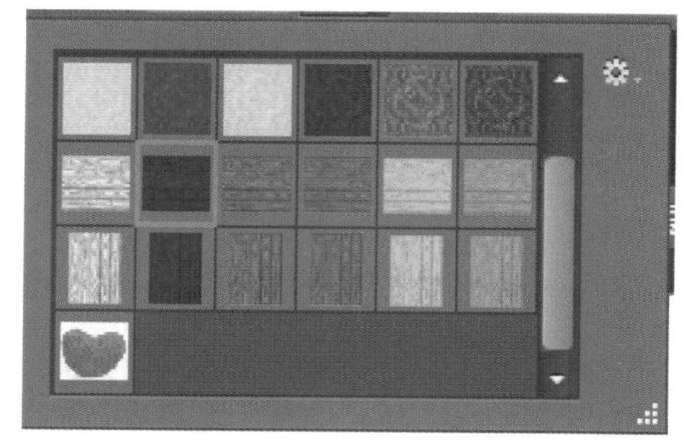

图3-22　预设图案面板

第三节
图像的填充

图像的填充工具包括渐变填充工具和油漆桶工具两种，灵活使用这两种工具可以给图像填充各种不同的颜色效果，下面具体进行介绍。

一、渐变工具

利用渐变填充工具可以给图像或选区填充渐变颜色，单击工具箱中的“渐变工具”按钮，其属性栏如图3-24所示。

单击  右侧的 按钮，可在打开的渐变样式面板中选择需要的渐变样式。

单击  按钮，可以弹出“渐变编辑器”对话框，如图3-25所示，其中用户可以编辑、修改或创建新的渐变样式。

（4）选择新定义的图案，然后在图像或选区中拖动鼠标填充所定义的图案，按“Ctrl+D”快捷键取消选区，如图3-23所示。

图3-23　填充新定义图案效果

在  按钮组中，可以选择渐变的方式，从左至右分别为线性渐变、径向渐变、角度渐变、对称渐变及菱形渐变，图3-26、图3-27、图3-28、图3-29、图3-30、图3-31分别为原图、线性渐变、径向渐变、角度渐变、对称渐变及菱形渐变的效果。

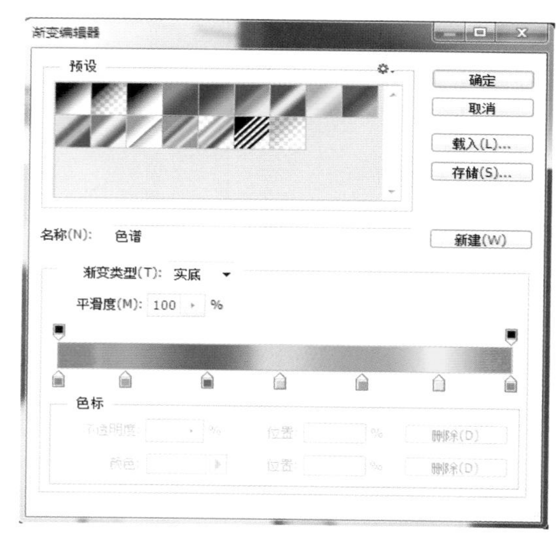

图3-25　“渐变编辑器”对话框

图3-24　渐变工具栏

图3-26　原图

图3-27　线性渐变效果

灵活使用渐变填充工具和油漆桶工具两种工具给图像填充各种不同的颜色效果。

图3-28　径向渐变效果

图3-29　角度渐变效果

图3-30　对称渐变效果

图3-31　菱形渐变效果

选中“反向”复选框，可产生与原渐变相反的渐变效果。

选中“仿色”复选框，可以在渐变过程中产生色彩抖动效果，把两种颜色之间的像素混合，使色彩过渡得平滑一些。

选中“透明区域”复选框，可以设置渐变效果的透明度。

若在拖动鼠标的过程中按住“Shift”键，则可按45°、水平或垂直方向进行渐变填充。拖动鼠标的距离越大，渐变效果越平缓。

图3-32　油漆桶工具栏

二、油漆桶工具

利用油漆桶工具可以给图像或选区填充颜色或图案，单击工具箱中的“油漆桶工具”按钮，其属性栏如图3-32所示。

单击 前景 右侧的 按钮，在下拉列表中可以选择填充的方式，选择“前景”选项，在图像中相应的范围内填充前景色，如图3-33所示；选择“图案”选项，在图像中相应的范围内填充图案，如图3-34所示。

在“不透明度”文本框中输入数值，可以设置填充内容的透明度。

在“容差”文本框中输入数值，可以设置在图像中的填充范围。

选中“消除锯齿”复选框，可以使填充内容的边缘平滑，该选项在当前图像中有选区时才能使用。

选中“连续的”复选框后，只在与鼠标落点处颜色相同或相近的图像区域中进行填充；否则，将在图像中所有与鼠标落点处颜色相同或相近的图像区域中进行填充。

选中“所有图层”复选框，在填充图像时，系统会根据所有图层的显示效果将结果填充在当前层中；否则，只根据当前层的显示效果将结果填充在当前层中。

图3-33　填充前景色效果

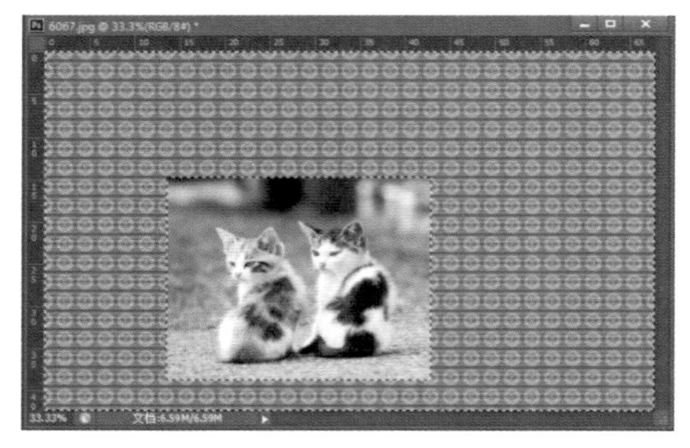

图3-34　填充图案效果

第四节
图像的擦除

图像的擦除工具包括橡皮擦、背景橡皮擦、魔术橡皮擦3种工具，如图3-35所示。使用这些橡皮擦工具都可对图像中的局部图像进行擦除，可在不同的情况下使用不同的橡皮擦工具。

一、橡皮擦工具

利用橡皮擦工具可以直接对图像以及图像中的颜色进行擦除。如果在背景层上擦除图像，则被擦除的区域颜色变为背景色。单击工具箱中的“橡皮擦工具”按钮，其属性栏如图3-36所示。

图3-35　橡皮擦工具组

图3-36　橡皮擦工具栏

在“模式”下拉列表中可以选择橡皮擦擦除的笔触模式，包括画笔、铅笔和块3种。

选中“抹到历史记录”复选框，可将擦除的图像恢复到未擦除前的状态。

单击 按钮，可在打开的画笔面板中设置橡皮擦笔触的不透明度、渐隐和湿边等参数。

在属性栏中设置好各选项后，将鼠标移至要擦除的位置，按下鼠标左键来回拖动即可擦除图像。如图3-37所示为擦除图像效果。

二、背景橡皮擦工具

利用背景橡皮擦工具对图像中的背景层或普通图层进行擦除，可将背景层或普通图层擦除为透明图层。单击工具箱中的“背景橡皮擦工具”按钮，其属性栏如图3-38所示。

在 按钮组中，可以选择颜色取样的模式，从左至右分别是连续的、一次、背景色板3种模式。

在“限制”下拉列表中可以选择背景橡皮擦工具擦除的图像范围。

在“容差”文本框中输入数值，可以设置在图像中要擦除颜色的精度。数值越大可擦除颜色的范围就越大；数值越小可擦除颜色的范围就越小。

选中“保护前景色”复选框，图像中与前景色相匹配的区域将不能被擦除。

背景橡皮擦工具与橡皮擦工具擦除图像的方法相同，如图3-39所示为擦除效果。

利用好不透明度、流量等工具可以更好地控制擦除效果，得到不同的图片效果。

图3-37　橡皮擦擦除图像效果

图3-38　背景橡皮擦工具栏

图3-39　背景橡皮擦擦除效果

小贴士

使用背景橡皮擦工具进行擦除时，如果当前层是背景层，系统会自动将其转换为普通层。

三、魔术橡皮擦工具

利用魔术橡皮擦工具可以擦除图层中具有相似颜色的区域，并以透明色替代被擦除的区域。单击工具箱中的“魔术橡皮擦工具”按钮，其属性栏如图3-40所示。

在属性栏中选中“连续”复选框，表示只擦除与鼠标单击处颜色相似的在容差范围内的区域。

选中“消除锯齿”复选框，表示擦除后的图像边缘显示为平滑状态。

在“不透明度”文本框中输入数值，可以设置擦除颜色的不透明度。

在属性栏中设置好各选项后，在图像中需要擦除的地方单击鼠标即可擦除图像，效果如图3-41所示。

第五节 图像的修饰

在Photoshop CS6中提供了一些图像的修饰工具，利用这些工具可对图像进行各种修饰操作，下面进行具体介绍。

一、污点修复画笔工具

污点修复画笔工具可以快速地移去图像中的污点和其他不理想部分，以达到令人满意的效果。

单击工具箱中的“污点修复画笔工具”按钮，其属性栏如图3-42所示。

在“模式”下拉列表中可以选择修复时的混合模式。

容差： 32 ☑ 消除锯齿 ☑ 连续 ☐ 对所有图层取样 不透明度： 100%

图3-40 魔术橡皮擦工具栏

图3-41 魔术橡皮擦擦除效果

图3-42 污点修复画笔工具栏

选中“近似匹配”单选按钮，将使用选区周围的像素来查找要用做修补的图像区域。

选中“创建纹理”单选按钮，将使用选区中的所有像素创建一个用于修复该区域的纹理。

在属性栏中设置好各选项后，在要去除的瑕疵上单击或拖曳鼠标，即可将图像中的瑕疵消除，而且被修改的区域可以无边界混合到周围图像环境中。如图3-43所示为应用污点修复画笔工具修复图像中瑕疵的效果。

修复工具可以把图片上的瑕疵进行修补。

图3-43 污点修复画笔修复图像效果

二、修复画笔工具

利用修复画笔工具可对图像中的折痕部分进行修复，其功能与仿制图章工具相似，也可在图像中取样对其进行修复，唯一不同的是修复画笔工具可以将取样处的图像像素融入到需修复的图像区域中。单击工具箱中的“修复画笔工具”按钮，其属性栏如图3-44所示。

图3-44 修复画笔工具栏

取样时按住键盘上的“Alt”键，当鼠标光标变成⊕形状时，单击鼠标，取样完成，然后在图像的其他部位涂抹。

选中“取样”单选按钮，可以将图像中的一部分作为样品进行取样，用来修饰图像的另一部分，并将取样部分与图案融合部分用一种颜色模式混合，效果如图3–45所示。

图3–45　取样修复效果

选中“图案”单选按钮，然后单击  按钮，在下拉列表中选择一种图案，直接在图像中拖动鼠标进行涂抹，也可以创建选区后进行涂抹，效果如图3–46所示。

图3–46　图案修复效果

三、模糊工具

利用模糊工具可以使图像像素之间的反差缩小，从而形成调和、柔化的效果。单击工具箱中的“模糊工具”按钮。在属性栏中设置好各选项后，单击鼠标在图像中涂抹可以使图像边缘或选区中的图像变得模糊，效果如图3–47所示。其属性栏如图3–48所示。

图3–47　模糊图像效果

四、修补工具

修补工具可利用图案或样本来修复所选图像区域中不完美的部分。单击工具箱中的“修补工具”按钮，其属性栏如图3–49所示。

100　模式：正常　强度：25%　对所有图层取样

图3–48　模糊工具栏

修补：正常　源　目标　透明　使用图案

图3–49　修补工具栏

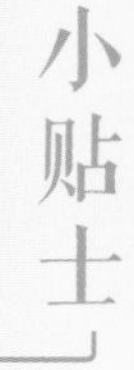

小贴士

在使用模糊工具处理图像时，确定模糊处理的对象是非常重要的，否则凡是鼠标光标经过的区域都会受到模糊工具的影响。

五、锐化工具

锐化工具与模糊工具刚好相反，该工具可以使图像像素之间的反差加大，从而使图像变得更清晰。单击工具箱中的“锐化工具”按钮，其属性栏中的选项与使用方法都与模糊工具相同，这里不再赘述。如图3-50所示为锐化图像效果。

六、涂抹工具

利用涂抹工具可以将涂抹区域中的像素与颜色沿鼠标拖动的方向扩展，形成类似在湿颜料中拖移手指后的绘画效果。单击工具箱中的“涂抹工具”按钮，其属性栏如图3-51所示。

在属性栏中选中“手指绘画”复选框，可以用前景色对图像进行涂抹处理，并逐渐过渡到图像的颜色，类似于用手指搅拌糅合图像中的颜色，效果如图3-52所示。

七、减淡工具

利用减淡工具可以增加图像的曝光度，使图像颜色变浅、变淡。单击工具箱中的“减淡工具”按钮，其属性栏如图3-53所示。

图3-50　锐化图像效果

13　模式：正常　强度：50%　对所有图层取样　手指绘画

图3-51　涂抹工具栏

图3-52　涂抹图像效果

图3-53　减淡工具栏

在“范围”下拉列表中可以选择减淡工具所用的色调，包括“高光”、“中间调”和“阴影”3个选项。其中，“高光”选项用于调整高亮度区域的亮度；“中间调”选项用于调整中等灰度区域的亮度；“阴影”选项用于调整阴影区域的亮度。

在“曝光度”文本框中输入数值，可以调整图像曝光的强度，数值越大，亮化处理的效果越明显。

在属性栏中设置好各选项后，在图像中单击并拖动鼠标，即可增加图像的曝光度，效果如图3-54所示。

八、加深工具

利用加深工具可以降低图像的曝光度，使图像的颜色变深、变鲜艳。单击工具箱中的“加深工具”按钮，其使用方法及属性栏设置都与减淡工具相同。如图3-55所示为加深图像颜色效果。

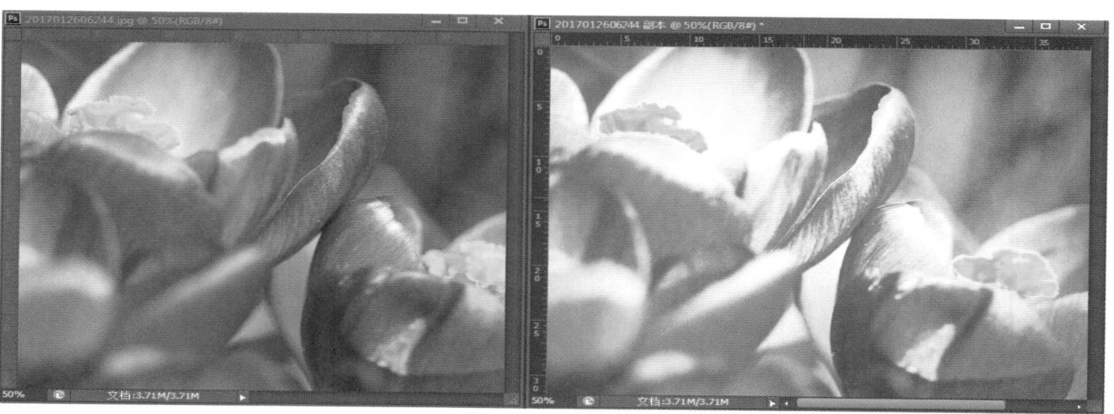

图3-54　减淡图像效果

图3-55　加深图像效果

掌握污点修复画笔工具、修复画笔工具、模糊工具、修补工具等使用方法。

九、海绵工具

利用海绵工具可以精确地更改图像区域的色彩饱和度。在灰度模式下，该工具通过使灰阶远离或靠近中间调来增加或降低对比度。

单击工具箱中的“海绵工具”按钮，其属性栏设置如图3-56所示。

在“模式”下拉列表中可以选择更改颜色的模式，包括“去色”和“加色”两种模式。选择“去色”模式可减弱图像颜色的饱和度；选择“加色”模式可加强图像颜色的饱和度。如图3-57所示为使用“加色”模式修饰图像的效果。

图3-56　海绵工具栏

图3-57　海绵工具“加色”修饰图像效果

本/章/小/结

在Photoshop CS6中，用于描绘和修饰图像的工具主要集中在画笔工具组、修复画笔工具组、仿制图章工具组、历史记录画笔组等。通过本章的学习，应掌握它们的具体使用技巧，获取所需的图像颜色，制作出具有视觉艺术感的图像。

思考与练习

一、填空题

1.如果要切换前景色和背景色，可在工具箱中单击“切换颜色”按钮，或按键盘上的________键。

2.若要返回默认的前景色和背景色，可在工具箱中单击“默认颜色”按钮，或按键盘上的________键。

3.利用________工具可以在图中绘制边缘较硬的线条及图像。

二、选择题

1.利用（　　）工具可以擦除图层中具有相似颜色的区域，并以透明色替代被擦除的区域。

（A）魔术橡皮擦　　（B）橡皮擦

（C）背景橡皮擦　　（D）仿制图章

2.利用（　　）工具可以使图像像素之间的反差缩小，从而形成调和、柔化的效果。

（A）锐化　　（B）模糊

（C）加深　　（D）海绵

3.利用（　　）工具可降低图像的曝光度，使图像颜色变深，更加鲜艳

（A）锐化　　（B）减淡

（C）涂抹　　（D）加深

4.利用（　　　）工具可以快速地移去图像中的污点和其他不理想部分，以达到令人满意的效果。

（A）杂点修复画笔　　　（B）修补

（C）修复画笔　　　（D）背景橡皮擦

三、简答题

修复画笔工具与什么工具相似？可对图像进行什么操作？

四、上机操作题

打开一幅人物图像，如题图3.1所示，练习使用本章所学的内容，将其中的人物图像的背景色去掉，效果如题图3.2所示。

题图3.1　　　题图3.2

第四章
图像的色彩调整

章节导读

色彩模式是指同一属性下的不同颜色的集合，它的功能在于方便用户使用各种颜色，而不必每次使用颜色时都要重新调配。Adobe公司为用户提供的色彩模式有十余种，每一种模式都有自己的优缺点和适用范围，并且在各种模式之间可以根据需要进行转换。本章系统地介绍了调整图像色彩和色调的方法。

学习重点：
图像色彩模式；
应用色彩和色调命令；
应用特殊色调。

第一节
应用色彩和色调命令

应用图像的色彩和色调调整命令，可调整图像的明暗程度，还可以制作出多种色彩效果。Photoshop CS6提供了许多色彩和色调调整命令，它们都包含在“图像”→“调整”子菜单中，用户可以根据自己的需要来选择合适的命令。

本节将使用如图4–1所示的图像为例来进行调整。

图4–1 示例图像

一、色阶

利用色阶命令可以调整图像的色彩明暗程度及色彩的反差效果。

一般RGB下就有RGB、红、绿、蓝可以选择。通道下面就是输入色阶，有三个滑块分别是：黑色、灰色、白色滑块，黑色代表暗部，灰色代表中间调，白色代表高光，拖动这些滑块就可以调整图片的明暗，我们可以按照图片的实际明暗选择相应的滑块快速修复图片的明暗。输出色阶由黑色至白色渐变构成，拖动两边的按钮可以快速调整明暗。同时我们也可以选择面板中的自动来自动修复图片的明暗。

具体的使用方法如下。

（1）选择“图像”→“调整”→“色阶”命令，弹出“色阶”对话框，如图4-2所示。

（2）在“通道”下拉列表中可选择需要调整的图像通道；“输入色阶”选项用于设置图像中选定区域的最亮和最暗的色彩；“输出色阶”选项用于设置图像的亮度范围；按钮组中包含了3个吸管工具，从左到右分别为：设置黑色吸管工具、设置灰色吸管工具、设置白色吸管工具，选择其中的任意一个吸管工具，在图像中单击，于是图像中其他与单击点处颜色相同的颜色都会随之改变。

（3）设置完成后，单击“确定”按钮，效果如图4-3所示。

二、自动颜色

利用自动颜色命令可自动对图像的色彩进行调整。具体的使用方法如下。

选择“图像”→“调整”→“自动颜色”命令，调整颜色后的效果如图4-4所示。

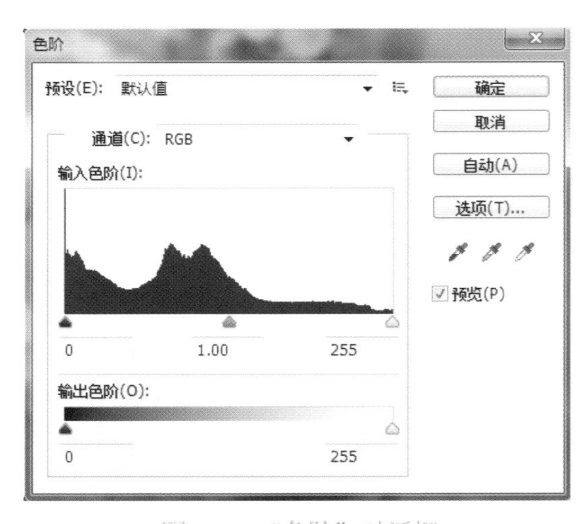

图4-2 “色阶”对话框

图4-3 调整色阶后效果

小贴士

色阶是用来调整图片的明暗程度的工具。我们在调整图层按钮中点击色阶选项会弹出色阶控制面板。最上面有通道可以选择，在不同的颜色模式下通道是不同的。

三、曲线

利用曲线命令可以综合调整图像的亮度、对比度和色彩等，通过调整对话框中的曲线来进行调整。具体的使用方法如下。

（1）选择“图像”→“调整”→“曲线”命令，弹出“曲线”对话框，如图4-5所示。

图4-4　自动颜色效果

小贴士

“自动颜色”命令通过搜索实际图像（而不是通道的用于暗调、中间调和高光的直方图）来调整图像的对比度和颜色，它根据在“自动校正选项”对话框中设置的值来中和中间调并剪切白色和黑色像素。

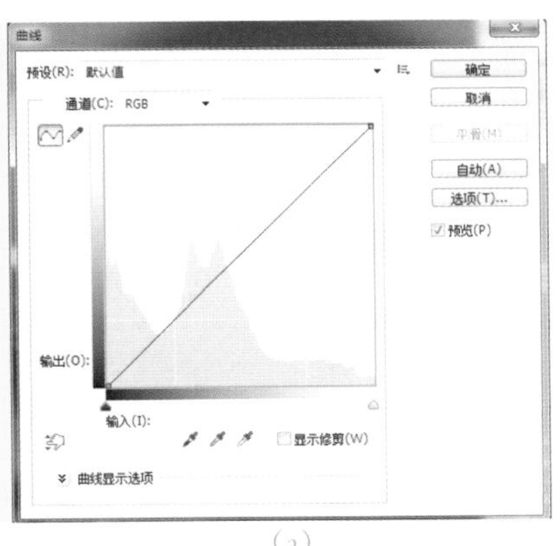

(a)

(b)

图4-5　“曲线”对话框

曲线是一组转换函数，由X和Y轴组成，X轴为输入色阶，Y轴为输出色阶。

（2）该对话框中的曲线默认为“直线”状态，在此状态下，将曲线向顶部移动可以调整图像的高光部分；将曲线向中间的点移动可调整图像的中间调；将曲线向底部移动可以调整图像的暗调。

（3）如图4-6所示为调整图像中的暗调部分效果。

小贴士

曲线不是滤镜，而是在忠于原图的基础上对图像做一些调整，不像滤镜可以创造出无中生有的效果；通过曲线，可以调节全体或是单独通道的对比、任意局部的亮度以及颜色。

图4-6　调整曲线为暗调效果

四、色彩平衡

利用色彩平衡命令可调整图像中颜色的平衡度，还可以给图像中混合不同的色彩来增加图像的色彩平衡效果。具体的使用方法如下。

（1）选择“图像”→“调整”→“色彩平衡”命令，弹出“色彩平衡”对话框，如图4-7所示。

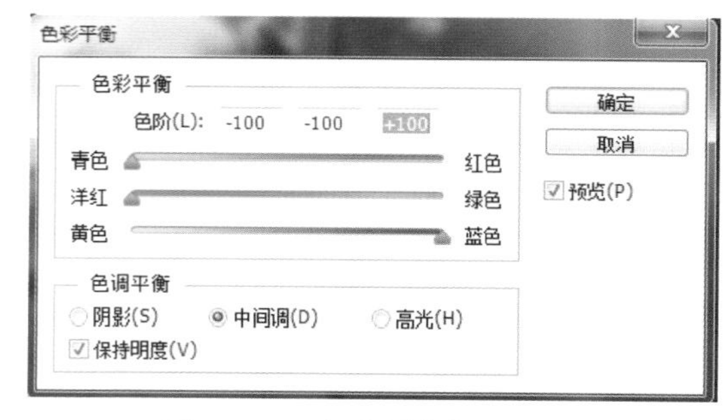

图4-7 “色彩平衡”对话框

（2）在“色彩平衡”选项区中可以调整整个图像的色彩平衡效果；在“色调平衡”选项区中可以选择调整图像的“阴影”、“中间调”、“高光”3个部分。选中“保持亮度”复选框，可以保护图像中的亮度值在调整图像时不被更改。

（3）设置完成后，单击“确定”按钮，效果如图4-8所示。

图4-8 调整色彩平衡效果

五、亮度/对比度

利用亮度/对比度命令可对图像的色调范围进行简单的调整。另外，该命令对单一的通道不起作用，所以该调整命令不适合用于高精度输出图像。具体的使用方法如下。

（1）选择“图像”→“调整”→“亮度/对比度”命令，弹出“亮度/对比度”对话框，如图4-9所示。

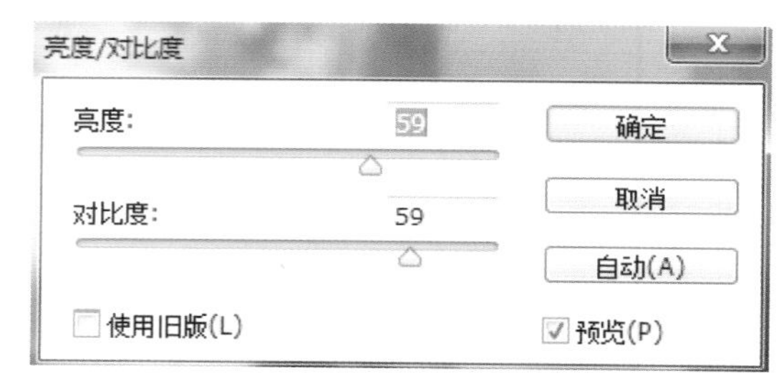

图4-9 “亮度/对比度”对话框

（2）在“亮度”文本框中输入数值，可设置图像的亮度；在“对比度”文本框中输入数值，可设置图像的对比度。

（3）设置完成后，单击“确定”按钮，效果如图4-10所示。

图4-10 调整亮度对比度效果

小贴士

通过对图像的色彩平衡处理，可以校正图像色偏、过度饱和或饱和度不足的情况，也可以根据自己的喜好和制作需要，调制需要的色彩，更好地完成画面效果，应用于多种软件和图像、视频制作中。

小贴士

对比度是画面黑与白的比值，也就是从黑到白的渐变层次。比值越大，从黑到白的渐变层次就越多，从而色彩表现越丰富。对比度对视觉效果的影响非常关键，一般来说对比度略大，图像会清晰醒目，色彩也鲜明艳丽；而对比度略小，则会让整个画面都灰蒙蒙的。合适的对比度对于图像的清晰度、细节表现、灰度层次表现都有很大帮助。

六、色相/饱和度

利用色相/饱和度命令可调整图像中特定颜色成分的色相、饱和度和亮度。具体的使用方法如下。

（1）选择“图像”→“调整”→“色相/饱和度”命令，弹出“色相/饱和度”对话框，如图4-11所示。

（2）在“编辑”下拉列表中设置允许调整的色彩范围；在“色相”文本框中输入数值，可调整图像的色彩；在“饱和度”文本框中输入数值，可增大或减少颜色的饱和度成分；在“明度”文本框中输入数值，可调整图像的明亮程度；选中“着色”复选框，可以给图像添加不同程度的单一颜色。

（3）设置完成后，单击“确定”按钮，效果如图4-12所示。

图4-11　“色相/饱和度”对话框

图4-12　调整色相饱和度效果

“色相/饱和度”是一款快速调色及调整图片色彩浓淡及明暗的工具。功能非常强大。在色相/饱和度调节面板的上部有颜色可供选择。色相是用来改变图片的颜色；饱和度是用来控制图片色彩浓淡的强弱；明度就是调节图片的明暗程度，数值大就越亮，相反就越暗。

七、去色

利用去色命令可直接将彩色图像中的所有彩色成分全部去掉，将其转换为相同色彩模式的灰度图像。

选择“图像”→“调整”→“去色”命令，去掉颜色后的效果如图4-13所示。

图4-13　去色后效果

八、可选颜色

利用可选颜色命令可以精细地调整图像中的颜色或色彩的不平衡度。此命令主要利用CMYK颜色来对图像的颜色进行调整。具体的使用方法如下。

（1）选择“图像”→“调整”→“可选颜色”命令，弹出“可选颜色”对话框，如图4-14所示。

（2）在“颜色”下拉列表中可选择需要调整的颜色；“方法”选项区中包括“相对”和“绝对”两个单选按钮，可用来设置添加或减少颜色的方法。

（3）设置完成后，单击“确定”按钮，效果如图4-15所示。

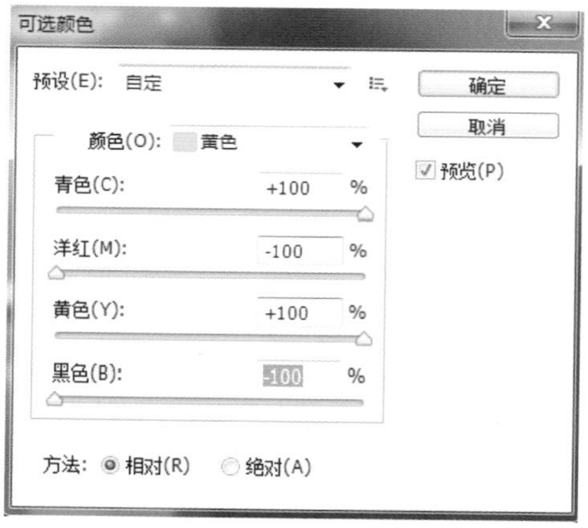

图4-14　“可选颜色”对话框

图4-15　调整可选颜色后效果

九、渐变映射

利用渐变映射命令可将图像颜色调整为选定的渐变图案颜色效果。具体的使用方法如下。

（1）选择“图像”→“调整”→“渐变映射”命令，弹出“渐变映射”对话框，如图4-16所示。

图4-16　“渐变映射”对话框

（2）在“灰度映射所用的渐变”下拉列表中可选择相应的渐变样式来对图像颜色进行调整；选中“仿色”复选框，可在图像中产生抖动渐变；选中“反向”复选框，可将选择的渐变颜色进行反向调整。

（3）设置完成后，单击“确定”按钮，效果如图4-17所示。

图4-17　调整渐变映射后效果

小贴士

渐变映射是将相等的图像灰度范围映射到指定的渐变填充色，其实这里说的灰度范围映射，就是指不同的明度进行映射。颜色的明度范围是从0～100，而渐变也是由0~100，由此我们可以将渐变上的色点不改变明度，而是通过改变色相和饱和度来得到灰阶完整的渐变映射。

十、照片滤镜

利用照片滤镜命令调整图像产生的效果，类似于真实拍摄照片时使用颜色滤镜所产生的效果。具体的使用方法如下。

（1）选择“图像”→“调整”→“照片滤镜”命令，弹出“照片滤镜”对话框，如图4-18所示。

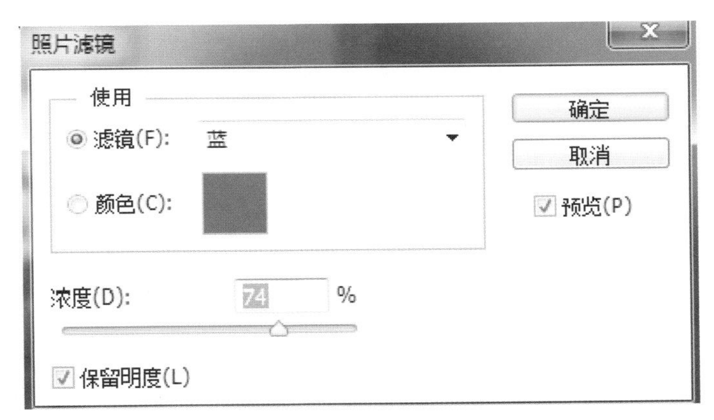

图4-18　“照片滤镜”对话框

（2）选中“滤镜”单选按钮，在其后的下拉列表中可选择颜色调整的过滤模式；选中“颜色”单选按钮，可在拾色器中选择定义滤镜的颜色；在“浓度”选项中可设置应用到图像中色彩的百分比；选中“保留亮度”复选框，在调整图像颜色时可以保留图像的原来亮度。

（3）设置完成后，单击“确定”按钮，效果如图4-19所示。

图4-19　照片滤镜效果

对图片色彩进行调整的命令是日常操作中最为常用的一个命令，读者要学好Photoshop则需要对其中的主要命令进行充分的理解和掌握。

十一、阴影/高光

利用阴影/高光命令不只是简单将图像变亮或变暗，还可通过运算对图像的局部进行明暗处理。具体的使用方法如下。

（1）选择“图像”→“调整”→“阴影/高光”命令，弹出“阴影/高光”对话框，如图4-20所示。

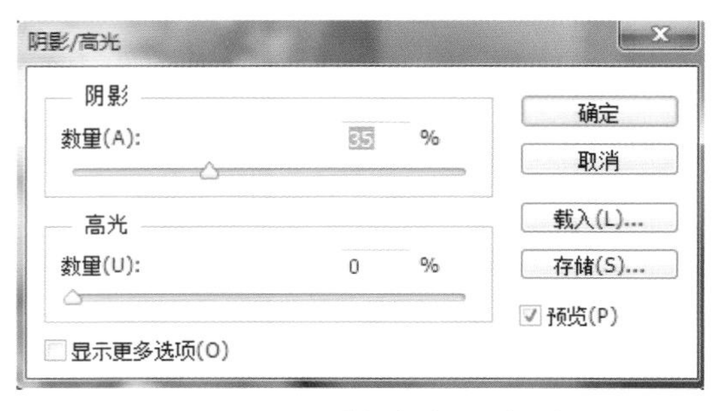

图4-20　“阴影/高光”对话框

（2）在“阴影”选项中可设置图像的暗调部分的百分比；在“高光”选项中可设置图像的高光部分百分比；选中“显示更多选项”复选框，可弹出“阴影/高光”对话框中的其他选项，如图4-21所示。

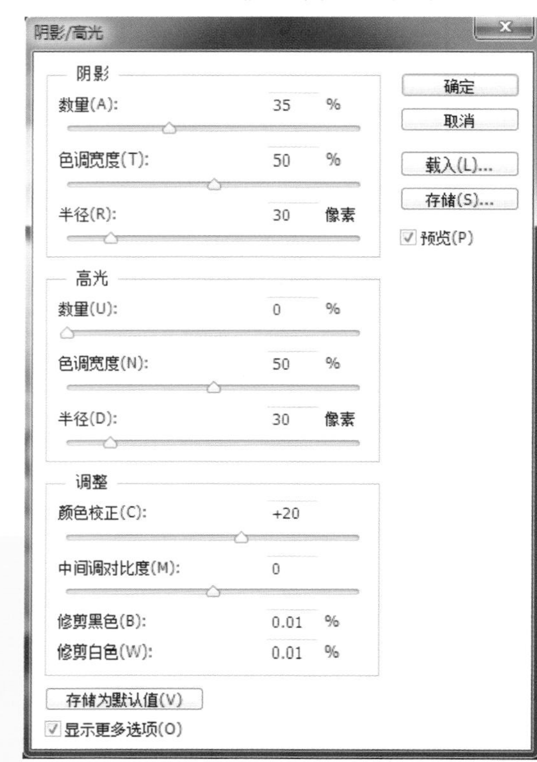

图4-21　“阴影/高光”对话框中显示更多选项

（3）设置完成后，单击“确定”按钮，效果如图4-22所示。

小贴士

“阴影/高光”命令不是简单地使图像变亮或变暗，而是根据图像中阴影或高光的像素色调增亮或变暗。该命令允许分别控制图像的阴影或高光，非常适合校正强逆光而形成剪影的照片，也适合校正由于太接近相机闪光灯而有些发白的焦点。

图4-22　调整“阴影/高光”效果

第二节
应用特殊色调

特殊色调命令可以使图像产生特殊的效果，包括反相、阈值、色调均化和色调分离4个命令。本节将使用如图4-23所示的图像为例来进行调整。

图4-23　示例图像

一、反相

利用反相可将图像中的色彩调整为和原本色互补的颜色。具体操作方法如下。

选择“图像”→“调整”→“反相”命令，利用反相命令调整图像后的效果如图4-24所示。

图4-24　反向命令的效果

二、阈值

利用阈值命令可将一个彩色或灰度的图像转换为高对比度的黑白图像。具体操作方法如下。

（1）选择“图像”→“调整”→“阈值”命令，弹出“阈值”对话框，如图4-25所示。

（2）在“阈值色阶”文本框中输入数值，可设置图像中像素的黑白颜色。

（3）设置完成后，单击“确定”按钮，效果如图4-26所示。

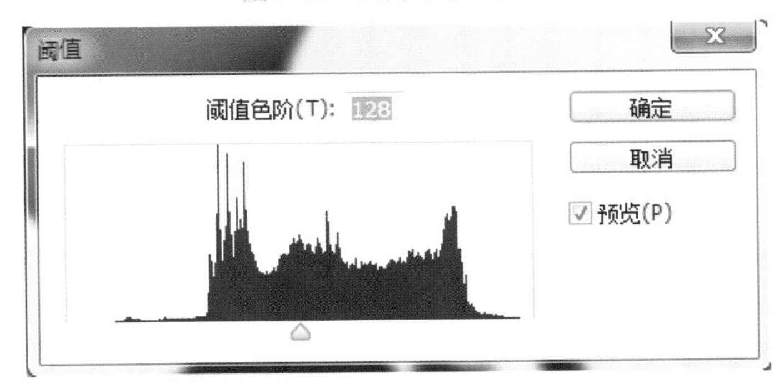

图4-25　“阈值”对话框

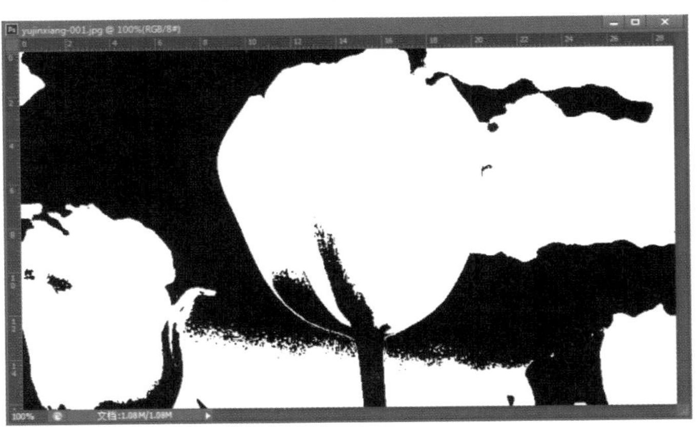
图4-26　阈值命令的效果

三、色调均化

利用色调均化命令可以平均分布图像中的亮度值，使图像中的亮度更加平衡，图像更加清晰。具体操作方法如下。

选择“图像”→“调整”→“色调均化”命令，利用色调均化命令调整图像后的效果如图4-27所示。

图4-27　色调均化命令效果

小贴士

“色调均化”命令可以在图像过暗或过亮时，通过平均值调整图像的整体亮度。“色调均化”命令可以重新分布图像中像素的亮度值，使Photoshop CS6图像均匀的呈现所有范围的亮度值。

四、色调分离

利用色调分离命令可指定图像中单个通道的亮度值数量，然后将这些像素映射为最接近的匹配颜色。该命令在对灰度图像调整时效果最为明显，具体操作的方法如下。

（1）选择“图像”→“调整”→“色调分离”命令，弹出“色调分离”对话框，如图4-28所示。

（2）在“色阶”文本框中输入数值，可设置色阶的数量，以256阶的亮度对图像中的像素亮度进行分配。

（3）设置完成后，单击“确定”按钮，效果如图4-29所示。

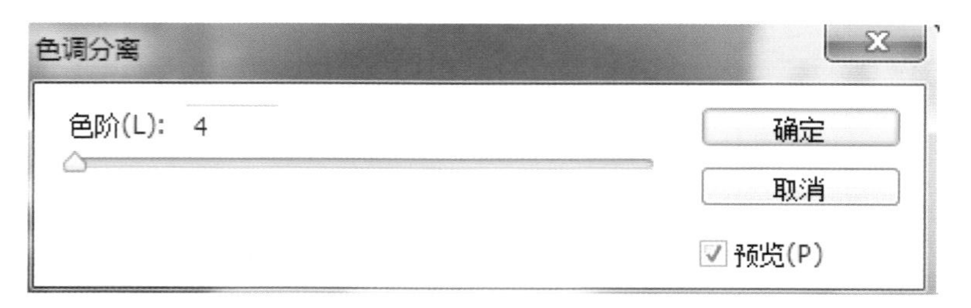

图4-28　“色调分离”对话框

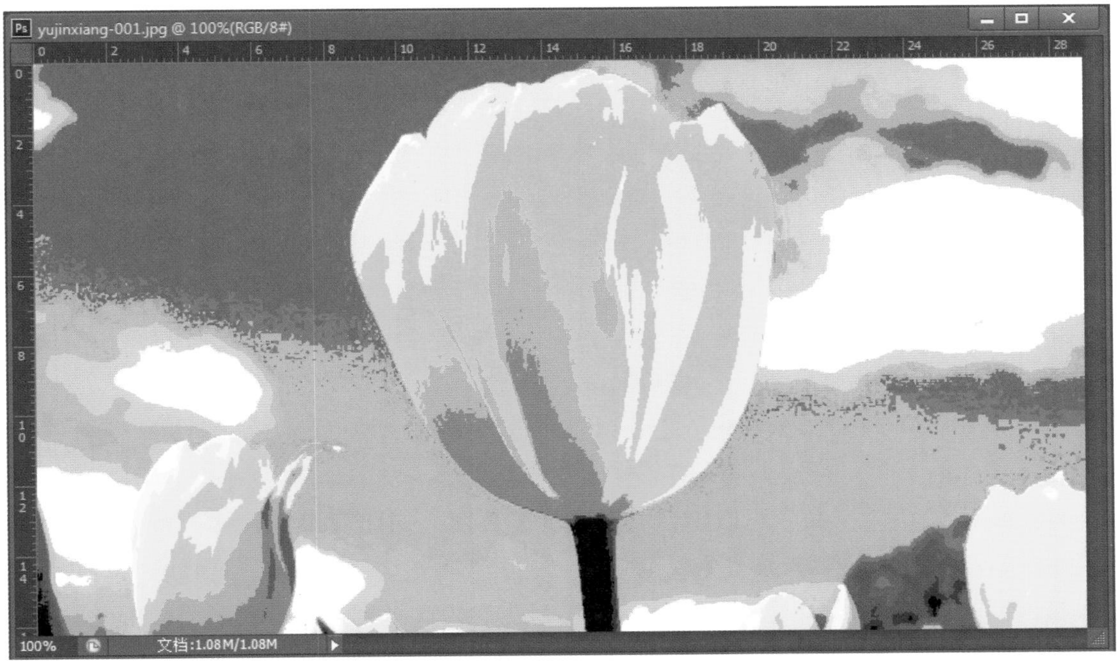

图片的整体色调通常可以表达作者的情感，不同的色调可以渲染不同的氛围。

yujinxiang-001.jpg @ 100%(RGB/8#)

100%　文档:1.08M/1.08M

图4-29　色调分离命令效果

小贴士

色调分离就是按照色阶的数量把颜色近似分配。这样我们就得到了有阶梯效果的图片。当然色阶数值越大这种阶梯效果越不明显。色调分离可以做出一些类似矢量图效果，如果再加改良，效果看上去非常有艺术感。

本/章/小/结

本章系统地介绍了调整图像色彩和色调的方法。通过学习，用户可以了解Photoshop CS6中图像颜色的调配，并学会使用这些命令对图像进行色相、饱和度、对比度和亮度的调整，能够运用这些命令制作出优秀的艺术作品。

思考与练习

一、填空题

1.色彩和色调调整主要是对图像中的＿＿＿＿＿、＿＿＿＿＿、＿＿＿＿＿和＿＿＿＿＿等的调整。

2.利用＿＿＿＿＿命令可以综合调整图像的亮度、对比度和色彩等。

二、选择题

1.利用（　　　）命令可将一个灰度或彩色的图像转换为高对比度的黑白图像。

（A）色调均化　　（B）阈值

（C）色调分离　　（D）色阶

2.利用（　　　）命令可以去掉彩色图像中的所有颜色值，将其转换为相同色彩模式的灰度图像。

（A）反相　　（B）自动对比度

（C）去色　　（D）替换颜色

三、简答题

在Photoshop中，常用的色彩模式有哪几种?

四、上机操作题

打开如题图4.1所示的图像，练习使用本章所学的调整图像色彩和色调命令，对其进行调整。

题图4.1

第五章

图层及其应用

章节导读

本章主要介绍了图层的应用，包括图层面板的使用、图层的基本操作、图层混合模式以及图层样式的应用效果。

第一节 图层面板介绍

在Photoshop CS6中，图像是由一个或多个图层组成的，若干个图层组合在一起，就形成了一幅完整的图像。这些图层之间可以任意组合、排列和合并，在合并图层之前，每一个图层都是独立的。并且在对一个单独的图层进行操作时，其他的图层不受任何影响。

一般在默认状态下，图层面板处于显示状态，它是管理和操作图层的主要场所，可以进行图层的各种操作，如创建、删除、复制、移动、链接、合并等。如果用户在窗口中看不到图层面板，可以选择“窗口”→“图层”命令，或按“F7”键，打开图层面板，如图5-1所示。

下面主要介绍图层面板的各个组成部分及其功能：

正常：用于选择当前图层与

学习重点：
图层面板介绍；
图层的基本操作；
设置图层特殊样式；
设置图层混合模式。

在Photoshop CS6中，图层之间可以任意组合、排列和合并。

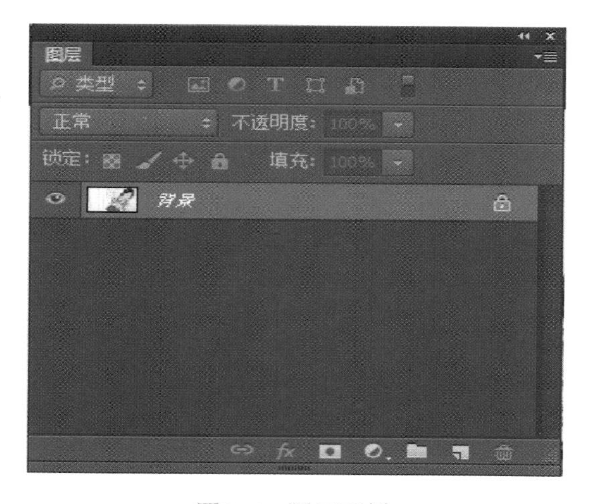

图5-1 图层面板

其他图层的混合效果。

不透明度：100% 不透明度：用于设置当前图层的不透明度。

：表示图层的透明区域是否能编辑。选择该按钮后，图层的透明区域被锁定，不能对透明区域进行任何编辑，反之可以进行编辑。

：表示锁定图层编辑和透明区域。选择该按钮后，当前图层被锁定，不能对图层进行任何编辑，只能对图层上的图像进行移动操作，反之可以编辑。

：表示锁定图层移动功能。选择该按钮后，当前图层仅不能移动，但可以对图像进行编辑，反之可以移动。

：表示锁定图层及其副本的所有编辑操作。选择该按钮后，不能对图层进行任何编辑，反之可以编辑。

：用于显示或隐藏图层。当该图标在图层左侧显示时，表示当前图层可见，图标不显示时表示当前图层隐藏。

：表示该图层与当前图层为链接图层，可以一起进行编辑。

：单击该按钮，可以在弹出的菜单中选择图层效果。

：单击该按钮，可以给当前图层添加图层蒙版。

：单击该按钮，可以新建图层组。

：单击该按钮，可在下拉菜单中选择要添加的调整或填充图层内容命令。

：单击该按钮，在当前图层上方创建一个新图层。

：单击该按钮，可删除当前图层。

小贴士

在图层面板中，每个图层都是自上而下排列的，位于图层面板最上面的图层在图像窗口中也是位于最上层，调整其位置相当于调整图层显示的叠加顺序。位于图层面板最下面的图层为背景层，该图层面板中的大部分功能都不能应用，需要应用时，必须将其转换为普通图层。所谓的普通图层，就是常用到的新建图层，在其中用户可以做任何的编辑操作。

第二节
图层的基本操作

图层的大部分操作都是在图层面板中完成的。通过图层面板，用户可以完成图层的创建、移动、复制、删除、链接以及合并等操作。下面将进行具体介绍。

一、创建图层

用户可用以下几种方法创建新图层。

（1）最常用的方法是直接单击图层面板中的“创建新图层”按钮 创建一个新图层，系统会自动将其命名为“图层1”，“图层2”等，如图5-2所示。

（2）按下“Alt”键的同时单击图层面板中的“创建新的图层”按钮，也可创建新图层。

（3）选择“图层”→“新建”→“图层”命令，即可创建新图层。

（4）单击图层面板右上角的下拉列表按钮，在弹出的菜单中选择“新建图层”命令，可创建新图层。

用第（3）、（4）种方法创建新图层都会弹出“新建图层”对话框，如图5-3所示。在该对话框中可对新建的图层进行详细的设置。

二、复制图层

复制图层是将图像中原有的图层进行复制，可在一个图像中复制图层，也可在两个图像之间复制图层。在两个图像之间复制图层时，由于源图像和目标图像之间的分辨率不同，会导致内容被复制到目标图像时，其图像尺寸与目标图像不同。

用户可以用以下几种方法来复制图层内容。

（1）用鼠标将需要复制的图层拖动到图层面板底部的“创建新图层”按钮上，当鼠标光标变成抓手形状时释放鼠标，即可复制此图层。复制的图层在图层面板中会是一个带有副本字样的新图层，如图5-4所示。

（2）选中需要复制的图层，单击图层面板右上角的 按钮，在弹出的菜单中选择“复制图层”命令即可。

（3）用鼠标右键在需要复制的图层上单击，在弹出的快捷菜单中选择“复制图层”命令即可。

用第（2）、（3）种方法复制图层时都会弹出“复制图层”对话框，如图5-5所示。在该对话框中可对复制的图层进行详细的设置。

图层就像是含有图形或文字等元素的胶片，一张张按顺序叠放在一起，组合起来形成最终效果。

图5-2　新建图层

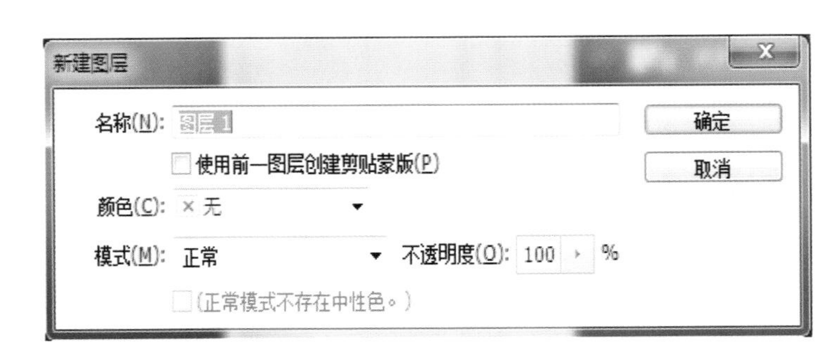

图5-3　“新建图层”对话框

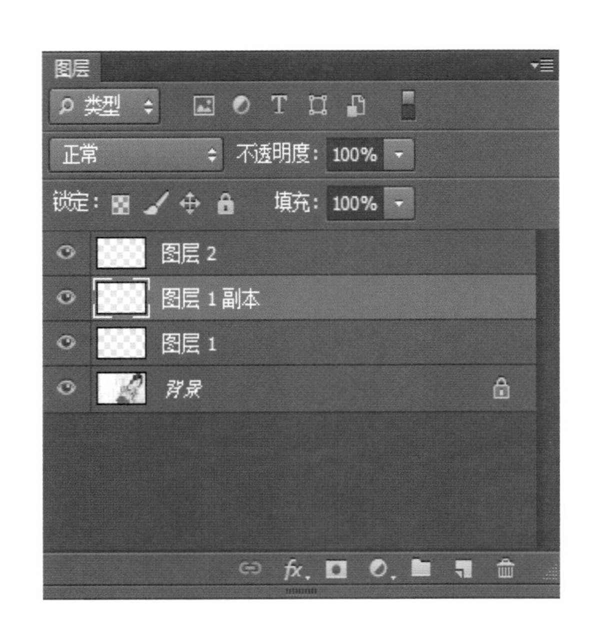

图5-4　复制图层

图5-5　“复制图层”对话框

三、删除图层

用户可用以下几种方法删除图层：

（1）最常用的方法是将需要删除的图层拖动到面板中的“删除图层”按钮上，即可将该图层删除。

（2）选中需要删除的图层，单击图层面板右上角的 按钮，在弹出的菜单中选择“删除图层”命令即可。

（3）将要删除的图层设置为当前图层，单击图层面板中的“删除图层”按钮，即可删除图层。

（4）将要删除的图层设置为当前图层，选择“图层”→“删除”→“图层”命令，即可删除该图层。

用第（2）、（3）、（4）种方法删除图层时都会弹出询问对话框，如图5-6所示。在该对话框中，用户可以再次确认是否删除该图层。

四、调整图层顺序

在编辑图像过程中，有时需要重新排列各图层的顺序，以便达到所需的效果。可用以下几种方法调整图层顺序。

（1）在图层面板中，直接用鼠标点击需要调整顺序的图层，并拖动到目标位置松开鼠标即可。

（2）选择需要调整顺序的图层，然后选择“图层”→“排列”命令，在子菜单中包含了几种对图层顺序进行调整的命令，如图5-7所示。

五、链接与合并图层

在编辑图像的过程中，有时需要对多个图层上的内容进行统一的旋转、移动、缩放等操作，此时就要将图层链接

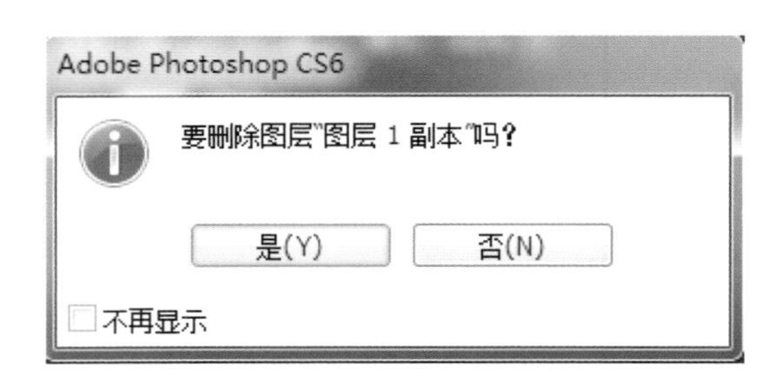

图5-6　删除图层询问对话框

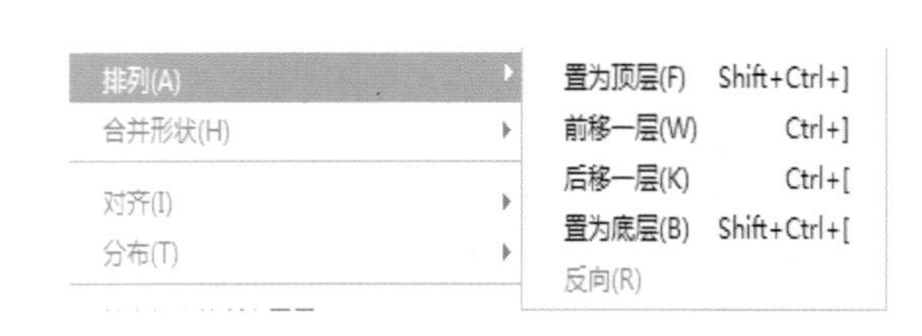

图5-7　排列图层命令

小贴士

按住“Shift”键可以选中连续的几个图层；按住“Ctrl”键可选中不连续的几个图层。

起来或将它们合并，然后再进行处理。下面将进行具体介绍。

1. 链接图层

链接图层就是在图层面板中，将需要进行链接的两个或两个以上的图层选中，然后再单击图层面板中的“链接图层”按钮，即可将选择的图层链接起来。链接后的每个图层后都有 标志，如图5-8所示。

2. 合并图层

合并图层是将两个或两个以上的图层合并为一个图层，这样可以减小文件大小，有利于存储和快速操作。

单击图层面板右上角的下拉列表按钮，在弹出的菜单中有以下3个合并图层命令。

（1）“向下合并”：该命令可以将当前图层与它下面的一个图层进行合并，而其他图层则保持不变。选中多个图层时则将合并选中图层。

（2）“合并可见图层”：该命令可以将图层面板中所有可见的图层进行合并，而被隐藏的图层将不被合并。

（3）“拼合图层”：一般用于全部完成时，合并所有的图层，同时丢弃隐藏的图层。

六、将图像选区转换为图层

在Photoshop中，用户可以直接创建新图层，也可以将创建的选区转换为新图层。具体操作步骤如下。

（1）按“Ctrl+O”键打开一幅图像文件，并用工具箱中的创建选区工具在其中创建选区，效果如图5-9所示。

图5-8　链接图层

图5-9　创建选区

在平时应用中，很多图形分布在不同图层中，而这些图层已不需要再作修改时，可以将它们合并在一起便于操作和管理。

（2）选择“图层”→“新建”→“通过拷贝的图层”命令，此时图层面板如图5-10所示。

（3）单击工具箱中的“移动工具”按钮，然后在图像窗口中单击并拖动鼠标，此时图像效果如图5-11所示。由此可看出，执行此命令后，系统会自动将选区中的图像内容复制到一个新图层中。

利用“图层”→“新建”→“通过剪切的图层”命令，可将选区中的图像内容剪切到一个新图层中。

七、背景图层转换为普通图层

普通图层就是经常用到的新建图层，用户可直接新建，也可以将背景图层转换为普通图层。其操作方法非常简单，用鼠标左键在背景图层上双击，可弹出“新建图层”对话框，在其中可设置转换后图层的名称、颜色、不透明度和色彩混合模式。

设置完成后，单击“确定”按钮即可，效果如图5-12所示。

图5-10　图层面板

图5-12　背景图层转换为普通图层

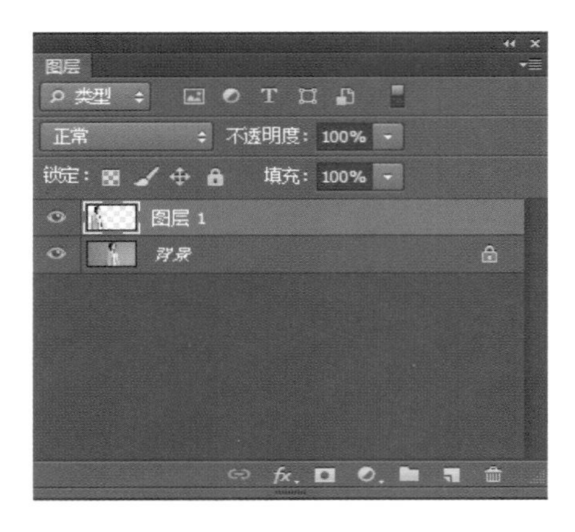

图5-11　复制选中内容至新图层

第三节 设置图层特殊样式

在Photoshop CS6中可以对图层应用各种样式效果，如光照、阴影、颜色填充、斜面和浮雕以及描边等，而且不影响图像的原始属性。在应用图层样式后，用户还可以将获得的效果复制粘贴，以便快速应用。

Photoshop CS6提供了10种图层特殊样式，用户可根据需要在其中选择一种或多种样式添加到图层中，制作出特殊的图层样式效果。

用户可以通过以下方法给图层添加特殊样式。

选择需要添加特殊样式的图层，然后单击图层面板底部的“添加图层样式”按钮，在下拉菜单中选择需要的特殊样式命令，或者选择“图层”→“图层样式”命令，在其子菜单中选择需要的特殊样式命令，都可弹出“图层样式”对话框，如图5-13所示。

在该对话框中，用户只要在需要的选项上单击使其变为选中状态，就可对该特殊样式效果的参数进行详细的设置，直到满意为止。设置完成后，单击“确定”按钮，即可给选择的图层应用图层样式效果。还可以设置多种图层特殊样式到某一图层中。

下面将以“投影”样式命令为例加以说明。

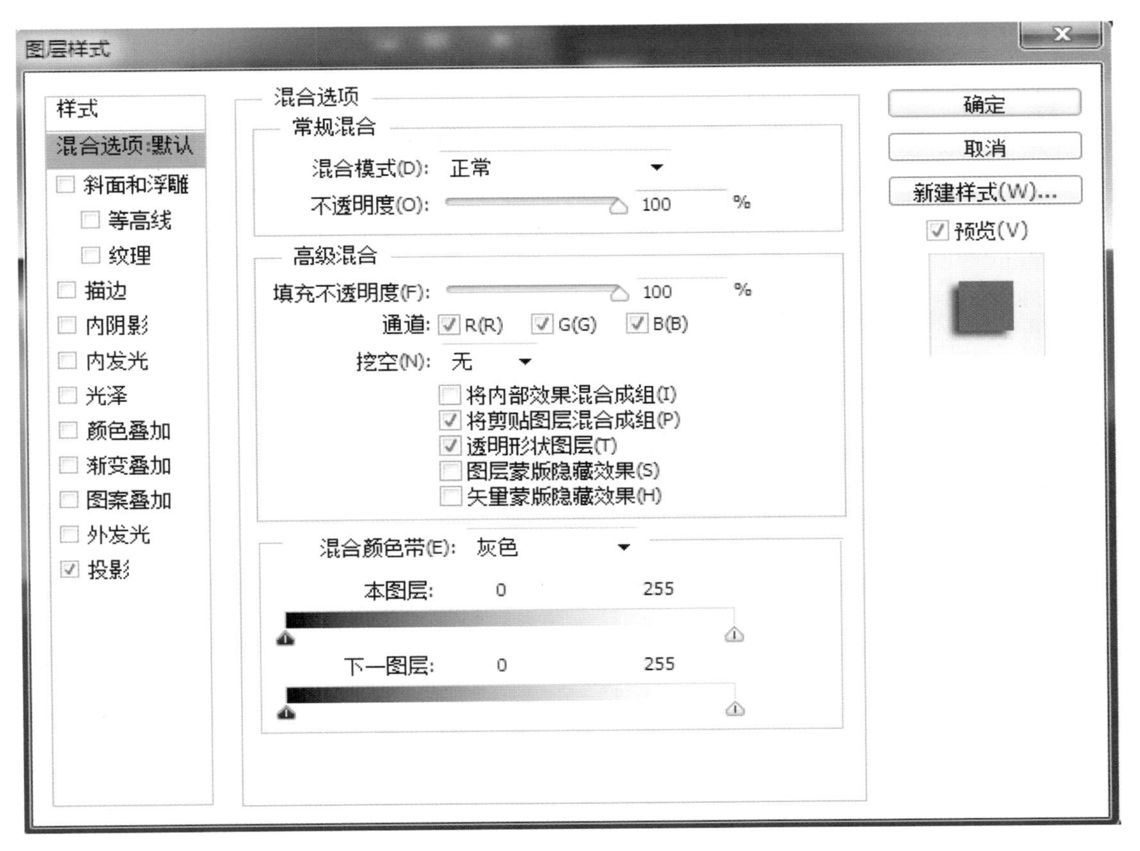

图5-13 “图层样式”对话框

为一个图层增加图层样式，可以将该图层选为当前活动层，然后选择菜单图层中的图层样式。或直接在图层命令调板中，单击添加图层样式按钮。

（1）打开一幅图像文件，如图5-14所示。

（2）单击图层面板底部“添加图层样式”按钮，在下拉菜单中选择“投影”命令，弹出“图层样式”对话框，参数设置如图5-15所示。

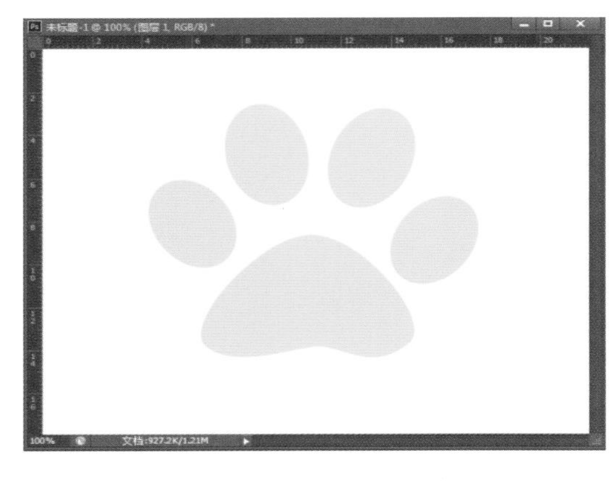

图5-14　打开一幅图像

（3）在该对话框中的“混合模式”选项中可以设置所加阴影的模式。在“不透明度”选项中可设置所加阴影的不透明度，取值范围为0%～100%。在“角度”选项中可设置阴影相对于原图像的角度，可以以任意的角度来指定阴影的位置，使其产生不同的效果。在“距离”选项中可设置阴影与当前层内图像的距离，值越大则与当前内容的距离越远。在“扩展”选项中可设置阴影的密度，数值越大阴影的密度就越大，反之则越小。在“大小”选项中可设置阴影的大小。在“品质”文本框中可设置阴影的强度，其中等高线控制阴影的轮廓形状，“消除锯齿”选项控制是否平

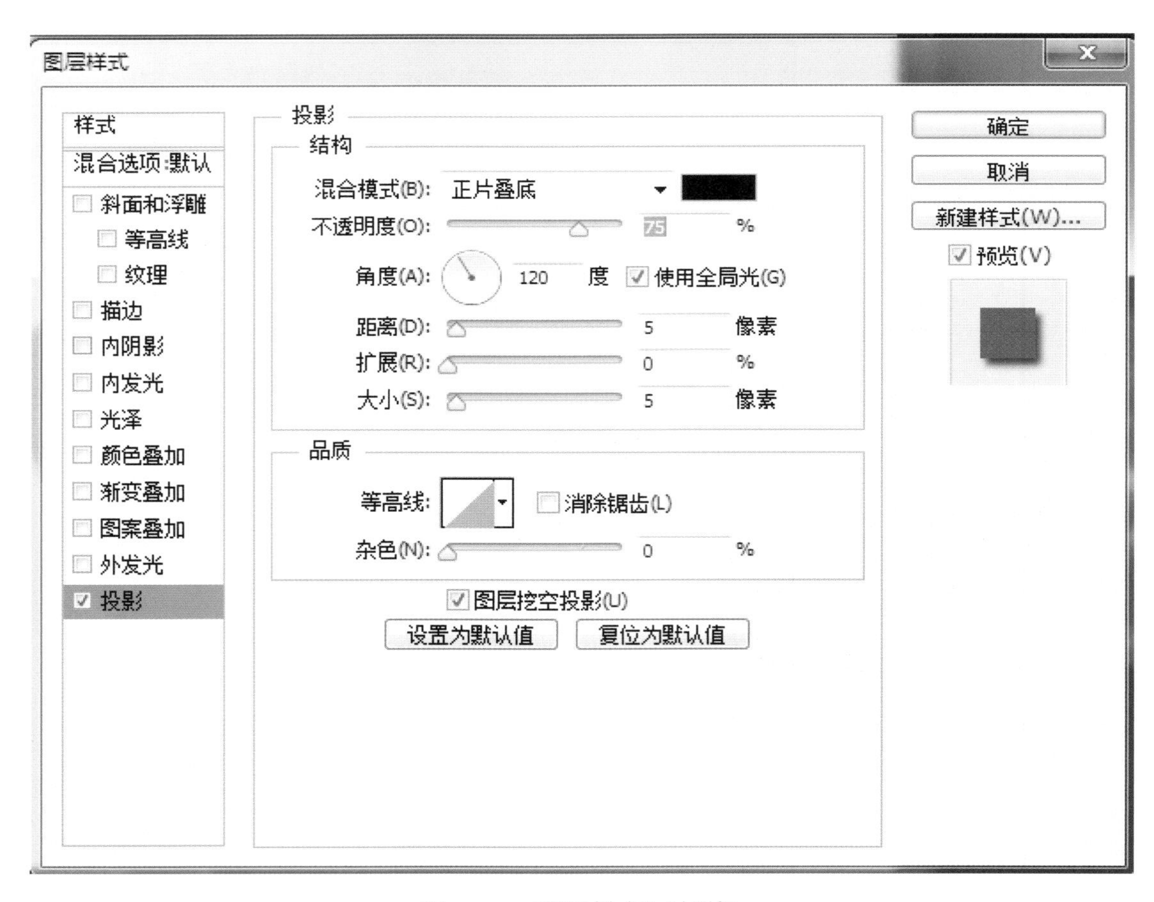

图5-15　“图层样式”对话框

滑边界；在“杂色”选项中可设置阴影中是否要加入杂色，制作随机效果。选中“图层挖空投影”复选框，可控制阴影在半透明图层上被看到的状况。

（4）设置完成后，单击“确定”按钮，效果如图5-16所示。

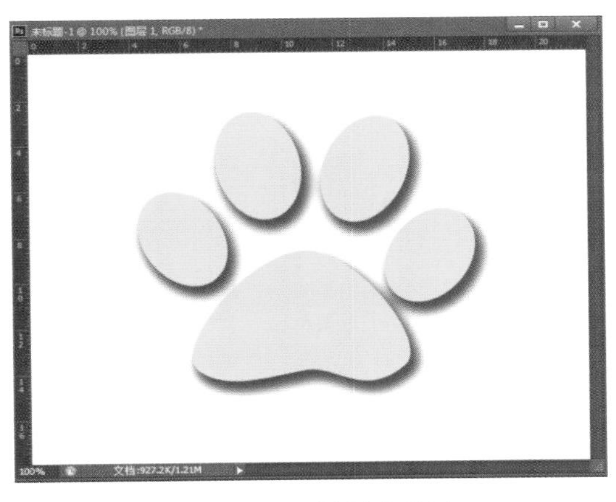

图5-16　阴影样式效果

在图层面板中，添加过特殊样式的图层中都含有 效果 投影 标志。

下面列举了其余几种图层的特殊样式效果，如图5-17所示。

第四节 设置图层混合模式

在Photoshop CS6中，用户可以将两个图层的像素进行混合得到另外一种图像效果。在图层面板中单击 正常 选项右侧的下拉按钮，可弹出图层混合模式下拉列表，在其中包含了20多种图层混合模式。下面将介绍几种常用的图层混合模式。

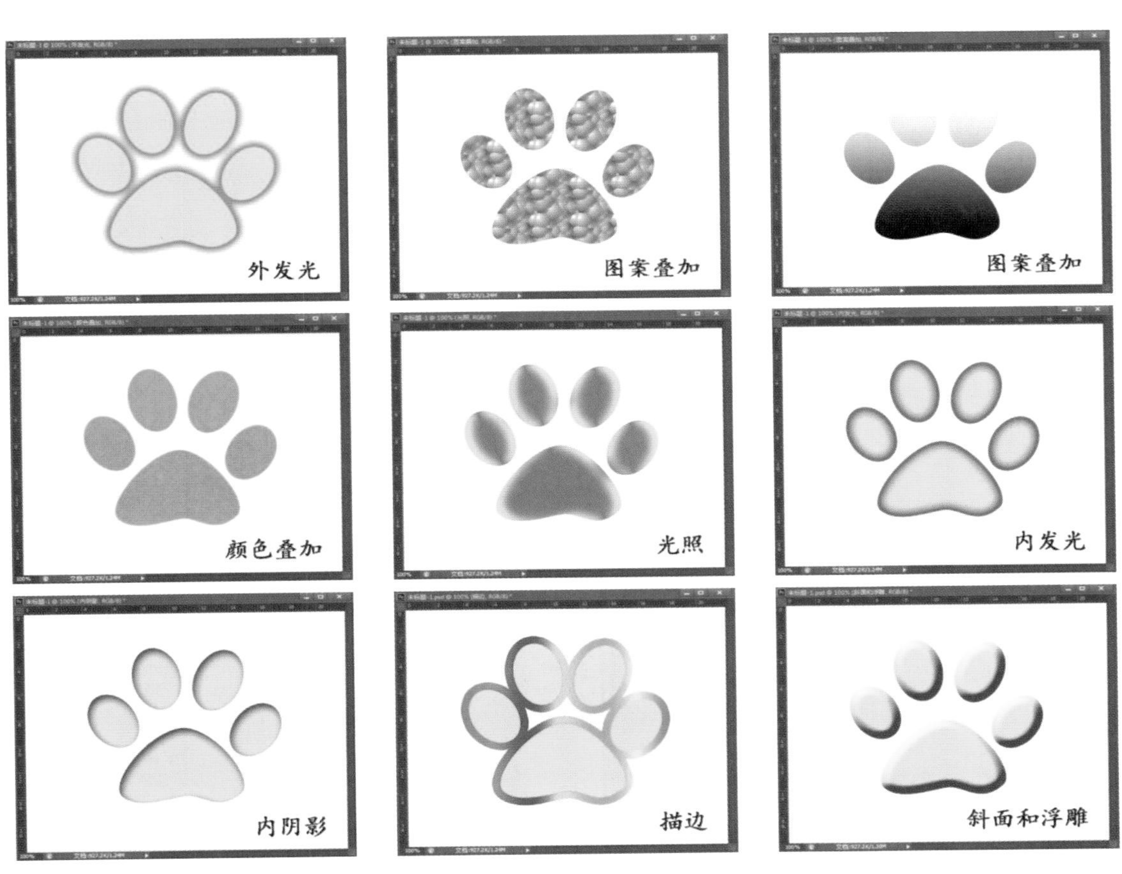

图5-17　其他特殊样式效果

一、正常模式

默认情况下，图层以正常模式显示出来，此模式与原图没有任何区别，只有通过拖动“不透明度”框中的滑块来改变当前图层的不透明度，并显露出下面图层中的像素。

打开一幅图像文件，如图5-18所示。

在混合模式列表中选择“正常”选项，设置“不透明度”为50%，效果如图5-19所示。

二、溶解模式

溶解模式是将当前图层的颜色与下面图层的颜色进行混合而得到的另外一种效果。在该模式下，当前图层的羽化程度与不透明度对最终得到的效果有很大的影响。如图5-20所示是图层的不透明度为50%时的图像效果。

三、变暗模式

变暗模式是将当前图层的颜色与下面图层的颜色相混合，并选择基色或混合色中较暗的颜色作为结果色，其中比混合色亮的像素被替换，比混合色暗的像素将保持不变。如图5-21所示为图层的变暗模式效果。

四、正片叠加、颜色加深与线性加深模式

使用正片叠加模式可以使图像颜色变得很深，产生当前图层与下面图层颜色叠加的效果。但黑色与黑色叠加产生的颜色仍为黑色，白色与白色叠加产生的颜色仍为白色。

图5-18　示例图像

图5-19　设置不透明度

图5-20　溶解模式

图5-21　变暗模式

使用颜色加深模式可以增加图像的对比度，使当前图层中的像素变暗，此模式产生的图像颜色一般情况下比正片叠加更深一些。

五、叠加模式

使用叠加模式可将当前图层与下面图层中的颜色叠加，相当于正片叠加与滤色两种模式的操作，从而使图像的暗区与亮区加强。

六、线性光模式

使用线性光模式时，如果当前图层与下面图层中的颜色混合大于50%灰度，则会增加亮度，使图像变亮；如果当前图层与下面图层中的图像颜色混合小于50%，则会减少亮度，使图像变暗。将"图层1"设为当前图层，在混合模式列表中选择"线性光"选项，设置"不透明度"为100%，图像效果如图5-22所示。

图5-22　线性光模式

在图层混合选项中指定的混合模式来控制图像中像素会受绘画或编辑工具的影响。

小贴士

使用线性加深模式可以降低当前图层中像素的亮度，从而使当前图层中的图像颜色加深。

本／章／小／结

本章主要介绍了图层的应用，包括图层面板的使用、图层的基本操作、图层混合模式以及图层样式的应用效果。通过本章的学习，读者可学会创建和使用图层，懂得在图像处理过程中，图层的重要性和使用的普遍性，从而更有效地编辑和处理图像。另外，通过对图层特殊样式和图层混合模式的学习，用户可以创建出丰富的图像效果。

思考与练习

一、填空题

1. 为了方便地管理图层与操作图层，在Photoshop CS6中提供了__________面板。

2. 在图层面板中提供了__________种锁定图层的方法。

二、选择题

1. 在Photoshop CS6中，按（　）键可以快速打开图层面板。

（A）F4　　（B）F5

（C）F6　　（D）F7

2.（　　）图层是图层中最基本也是最常用的图层形态，在该图层上，读者可以对图像进行任意的编辑操作。

（A）普通　　（B）背景

（C）文字　　（D）调整

3. 如果要将多个图层进行统一的移动、旋转等操作，可以使用（　　）功能。

（A）复制图层　　（B）创建图层

（C）删除图层　　（D）链接或合并图层

三、上机操作题

给如题图5.1所示的图像添加图层样式，得到如题图5.2所示的效果。

题图 5.1

题图 5.2

第六章
通道与蒙版的应用

章节导读

■ 本章主要介绍了通道与蒙版的基本功能与操作方法。

第一节 通道的基本概念

通道主要用于存储图像中的颜色数据，一幅图像通过多个通道显示它的色彩，不同的色彩模式，其颜色通道数不等。如一幅RGB色彩模式的图像共有4个默认通道，即红、绿、蓝和一个用于编辑图像的复合通道（RGB通道），如图6-1所示。对通道的操作具有独立性，用户可以针对每个通道进行色彩调整、图像处理以及使用各种滤镜效果。

Photoshop CS6中通道有以下几个特点。

（1）所有的通道都是8位灰度图像，总共能够显示256种灰度色。

（2）每个图像文件中所包含的颜色通道和Alpha通道的总数不能超过24个。

（3）所有新建的通道都具有同源图像文件相同的尺寸和像素数。

（4）用户可以指定每个通道的名称、颜色、不透明度和蒙版属性。

（5）用户能够在Alpha通道中使用画笔和编辑工具对其进行编辑操作。

■

学习重点：

通道的基本概念；

通道的操作；

蒙版的应用。

通道的概念，是由蒙版演变而来的，也可以说通道就是选区。通常以白色代替透明要处理部分；以黑色表示不需处理部分。

图6-1 RGB色彩模式图像

打开一幅图像文件后，系统会自动在“通道”面板中建立颜色通道，单击浮动面板组中的“通道”标签，即可打开通道面板，如果在界面中找不到该面板，可以通过选择“窗口”→“通道”命令将其打开，如图6-2所示。

图6-2 通道编辑面板

单击 按钮，可以将通道作为选区载入到图像中，也可以按住“Ctrl”键在面板中单击需要载入选区的通道来载入通道选区。

单击 按钮，可将当前的选区存储为通道，存储后的通道将显示在“通道”面板中。

单击 按钮，可创建新的通道，如果同时按住“Alt”键单击该按钮，则可以在弹出的对话框中设置新建通道的参数；如果同时按住“Ctrl”键单击该按钮，则可以创建新的专色通道。

单击 按钮，可删除当前所选中的通道。

：此眼睛图标表示当前通道是否可见。隐藏该图标，表示该通道为不可见

小贴士

在“通道”面板中可以同时将一幅图像所包含的通道全部显示出来，还可以通过面板对通道进行各种编辑操作，如通道的创建、删除、存储、隐藏等。

状态；显示该图标，则表示该通道为可见状态。

单击通道面板右上角的 ▾≡ 按钮，可弹出如图6-3所示的通道面板菜单，其中包含了有关对通道的操作命令。此外，用户可以选择通道面板菜单中的“调板选项”命令，在弹出的“通道调板选项”对话框中调整每个通道缩览图的大小，如图6-4所示。

新建通道...
复制通道...
删除通道
新建专色通道...
合并专色通道(G)
通道选项...
分离通道
合并通道...
面板选项...
关闭
关闭选项卡组

图6-3　通道面板菜单

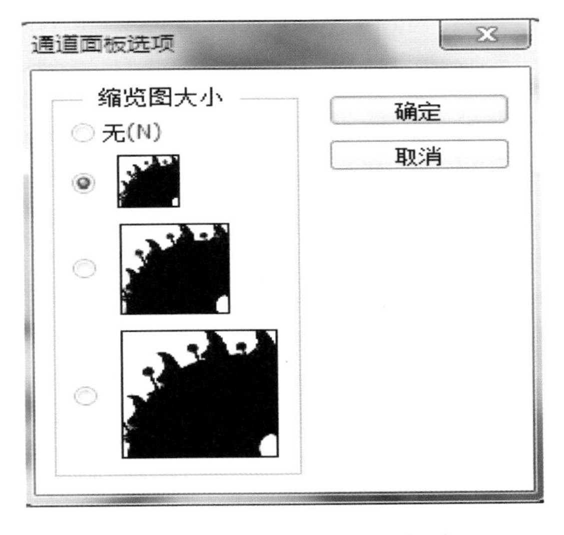

图6-4　“通道调板选项”对话框

小贴士

在编辑通道的过程中，用户不要轻易地修改原色通道。如果必须要修改，最好将原色通道进行复制，然后在其副本上进行修改。

第二节　通道的操作

通道的基本操作主要包括通道的创建、复制、删除和保存以及通道与选区之间的转换等，这些操作主要通过通道面板来完成。

一、新建通道

单击“通道”面板右上角的 ▾≡ 按钮，从弹出的面板菜单中选择“新建通道”命令，即可弹出“新建通道”对话框，如图6-5所示。

在“名称”输入框中可设置新通道的名称，如果不输入，则会默认按Alpha 1、

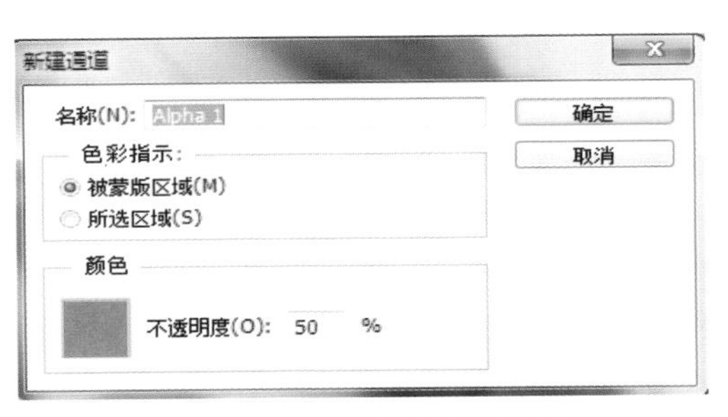

图6-5　“新建通道”对话框

通道的优越之处在于可以完全由计算机处理，实现全数字化。

Alpha 2……来依次命名。

在“色彩指示”选项区中可以选择新通道的颜色显示方式。选中“被蒙版区域”单选按钮，新建的通道中有颜色的区域代表被遮盖的范围，而没有颜色的区域为选区；选中“所选区域”单选按钮，新建的通道中没有颜色的区域代表被遮盖的范围，而有颜色的区域则为选区。

在“颜色”选项区中可设置显示蒙版的颜色与不透明度。默认状态下，该颜色为半透明的红色。

单击“确定”按钮，可在“通道”面板中新建一条通道，并且该通道会自动设为当前作用通道，如图6-6所示。

二、复制和删除通道

1. 复制通道

保存了一个选区后，对该选区进行编辑时，通常要先将该通道的内容复制后再编辑，以免编辑后不能还原。复制通道的操作方法如下。

（1）先选中要复制的通道，然后在“通道”面板菜单中选择“复制通道”命令，弹出“复制通道”对话框，如图6-7所示。

（2）在“复制通道”对话框中可设置通道的名称。

（3）在“文档”下拉列表中可选择要复制的文件，默认文件为通道所在的图像文件。

（4）选中“反相”复选框，复制通道时将会把通道内容反相显示。

（5）单击“确定”按钮，即可复制通道。

2. 删除通道

为了节省硬盘的存储空间，提高程序运行速度，用户可以删除一些没有用的通道。其删除的方法有以下3种。

（1）选择要删除的通道，在“通道”面板菜单中选择“删除通道”命令。

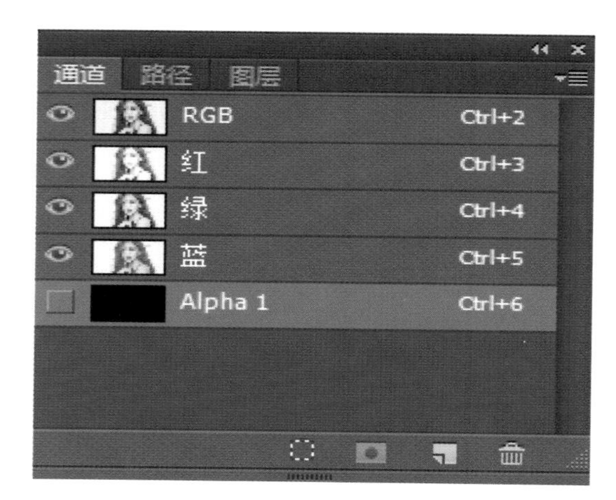

图6-6　新建通道

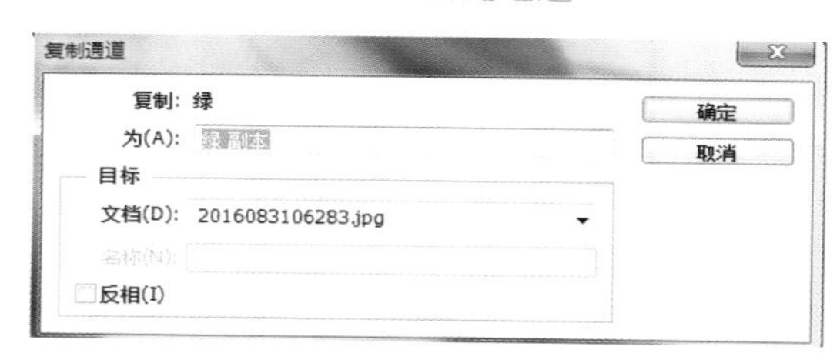

图6-7　“复制通道”对话框

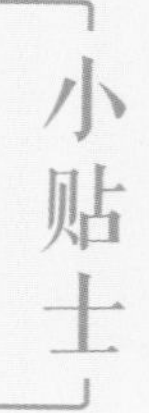

小贴士

按住“Alt”键的同时单击“创建新通道”按钮，也可弹出“新建通道”对话框。

（2）选择要删除的通道，在“通道”面板底部单击“删除当前通道”按钮，可弹出如图6-8所示的提示框。单击“是”按钮，删除通道。

（3）将要删除的通道直接拖至“通道”面板底部的“删除当前通道”按钮上可直接删除通道。

如果要删除某个原色通道，则会弹出如图6-9所示的提示框。确认是否要删除原色通道，单击“是”按钮删除通道。

三、存储通道

并不是所有的图像文件中都包含通道信息，因此在存储文件时，如果希望将通道进行存储，则应选择支持存储通道的文件格式，如PSD、DCS、PICT、TIFF等文件格式。

四、选区与通道之间的转换

在Photoshop CS6中可以将选区转换为通道，同样也可将通道转换为选区。

1. 将选区保存为通道

在图像中创建需要保存的选区，在“通道”面板底部单击“将选区存储为通道”按钮，选区就会保存为Alpha通道，如图6-10所示。

也可以通过菜单命令来完成此操作。选择菜单栏中的“选择”→“存储选区”命令，可弹出“存储选区”对话框，如图6-11所示。

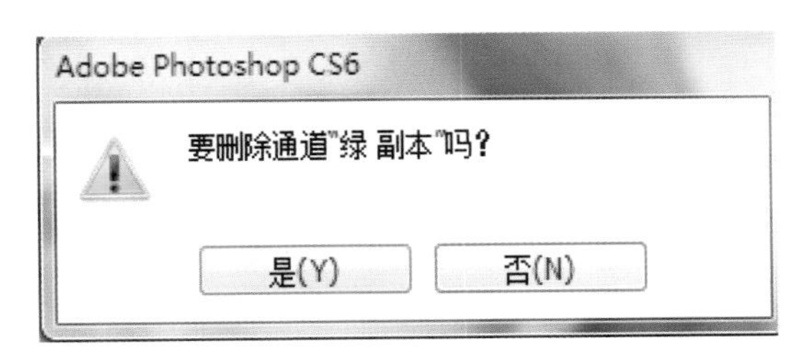

图6-8　删除通道询问框（1）

图6-9　删除通道询问框（2）

图6-10　选区保存为Alpha通道

单独的通道操作不会对图像产生直接的效果，必须结合其他工具，如蒙版工具、选区工具、绘图工具以及滤镜特效等。

小贴士

在“文档”下拉列表中可选择选区所要保存的目的文件。可以是当前文件，也可以是其他打开的图像文件，但其他图像文件的大小与模式必须与当前文件大小相同。

图6-11 “存储选区”对话框

在“通道”下拉列表中可选择选区所要保存的通道位置。

在“名称”输入框中可输入新通道的名称。

如果要将选区存储到已有的通道中，则可以在“操作”选项区中选择选区的组合方式。

单击“确定”按钮，即可将选区保存为Alpha通道。

2. 将通道载入选区

选中要载入的Alpha通道，然后在“通道”面板底部单击“将通道作为选区载入”按钮，或选择菜单栏中的“选择”→“载入选区”命令，都可将所选的通道载入选区。

利用选区工具在通道中进行编辑等同于对图像直接操作。

五、分离通道

利用“通道”面板菜单中的“分离通道”命令，可以将图像中的各个通道分离出来，使其各自成为一个单独的文件。使用此命令时的图像必须是只含有一个图层的图像。如果当前图像含有多个图层，则须先合并图层，否则无法使用此命令。

选择“分离通道”命令后，每个通道都会从原图像中分离出来，分离后的各个文件都将以单独的窗口显示在屏幕上。这些图像均为灰度图像，不含有任何色彩，如图6-12、图6-13、图6-14所示，分别为红、绿、蓝通道显示的效果。

分离后的通道可以分别进行编辑与修改操作。

图6-12 分离后红色通道

图6-13 分离后绿色通道

图6-14　分离后蓝色通道

图6-15　创建任意区域

六、专色通道

在Photoshop CS6中除可以新建Alpha通道外，还可以新建专色通道。专色是特殊的预混油墨，可用于替代或补充印刷色（CMYK）油墨。当将一个包含有专色通道的图像进行打印输出时，这个专色通道会成为一张单独的页被打印出来。

第三节
蒙版的应用

蒙版分为快速蒙版、通道蒙版和图层蒙版。本节将详细进行介绍。

一、使用快速蒙版

快速蒙版是用于创建和查看图像的临时蒙版，可以不使用“通道”面板而将任意选区作为蒙版来编辑。把选区作为蒙版的好处是可以运用Photoshop CS6中的绘图工具或滤镜对蒙版进行调整，如果用选择工具在图像中创建一个选区后，进入快速蒙版模式，这时可以用画笔来扩大（选择白色为前景色）或缩小选区（选择黑色为前景色），也可以用滤镜中的命令来修改选区，并且这时仍可运用选择工具进行

图6-16　创建快速蒙版

其他操作。

快速蒙版的创建比较简单，先在图像中创建任意选区，如图6-15所示，然后单击工具箱中的“以快速蒙版模式编辑”按钮，或按“Q”键，都可为当前选区创建一个快速蒙版。

如图6-16可以看出，选区外的部分被某种颜色覆盖并保护起来（在默认的情况下是不透明度为50%的红色），而选区内的部分仍保持原来的颜色，这时可以对蒙版进行扩大、缩小等各种操作。另外在“通道”面板的最下方将出现一个“快速蒙版”通道，如图6-17所示。

操作完毕后，单击工具箱中的“以普通模式编辑”按钮，可以将图像中未被快速蒙版保护的区域转化为选区。

蒙版与普通选区的区别是，普通选区代表了操作趋向性；而蒙版是让其免于被操作，体现了一种保护性。

蒙版的主要作用：
①抠图；
②边缘淡化；
③图层间的融合。

图6-17 “通道”面板中显示快速蒙版

图6-18 “存储选区”对话框

二、使用通道蒙版

通道蒙版可以将通道蒙版中的选区保存下来，它为用户提供了一种快捷灵活的存储和选择图像选区的方法。

在Photoshop中，创建通道蒙版的方法有以下3种。

（1）在图像中创建选区后，单击“通道”面板底部的“将选区存储为通道”按钮，即可创建一个Alpha通道，用于存储图像选区。

（2）使用快速蒙版创建图像选区后，单击“通道”面板底部的“将选区存储为通道”按钮，即可创建一个通道蒙版。

（3）在图像中创建选区后，选择“选择”→“存储选区”命令，弹出“存储选区”对话框，如图6-18所示，在该对话框中设置适当的参数后，单击“确定”按钮，即可将选区保存为通道。

三、使用图层蒙版

图层蒙版用于控制图层中的不同区域如何被显示或隐藏。通过使用图层蒙版，可以将需要处理部分以外的图像保护起来，以免在处理图像时受到影响。蒙版和选取范围有着紧密的联系，它们之间可以相互转换。

1. 创建图层蒙版

图层蒙版的创建方法很多，下面介绍几种常用的创建方法。

（1）选中需要创建蒙版的图层，单击“图层”面板底部的“添加图层蒙版”按钮，即可为所选的图层添加图层蒙版，如图6-19所示。

（2）选择“图层”→“图层蒙版”命令，在弹出的子菜单，如图6-20所示，中选择相应的命令即可为图层添加相应的蒙版。

2. 删除图层蒙版

当用户不再需要使用蒙版时，可以先选中需要删除蒙版的图层，再单击选中图层蒙版图标，用鼠标将它拖动到“删除图层”按钮上，可弹出提示框，如图6-21所示。单击“应用”按钮，蒙版将应用到图层；单击“取消”按钮，将放弃删除操作；单击“删除”按钮，蒙版将被删除，而不会影响图层中的图像。

图6-19　添加图层蒙版

制作蒙版的方法：
①建立选区，再将选区存储为通道。
②创建一个Alpha通道，利用工具编辑生成蒙版。
③直接生成图层蒙版。
④工具箱中的快速蒙版工具。

3. 链接和取消链接图层与图层蒙版

当用户新建一个蒙版后，在图层缩略图后面出现一个蒙版缩略图，中间有一个链接符号，此时图层与蒙版是处于链接状态的，单击链接符号，符号消失，图层与蒙版处于分离状态。

如图6-22所示为取消图层与图层蒙版之间的链接关系。

创建好蒙版后，需要对蒙版进行编辑操作，以达到满意的效果。在编辑过程中应注意以下事项。

（1）在对图层上的蒙版进行操作时，需要确定蒙版是否处于选中状态。

（2）可以在没有建立蒙版之前先创建选区，然后建立蒙版，也可以在建立了蒙版之后，用工具箱中的某些工具来对蒙版进行处理。

图6-20　图层蒙版菜单

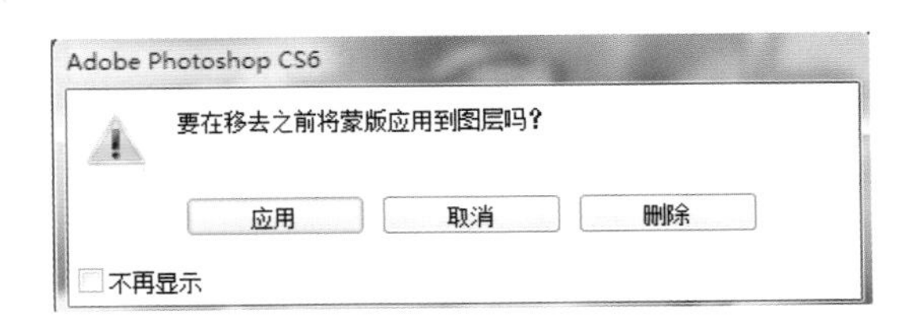

图6-21　删除蒙版询问框

图6-22　取消图层蒙版的链接

小/贴/士

1.如果对蒙版编辑时进行了各种模糊处理，那么该蒙版中灰度值小于50%的图像区域将会转化为选区。此时可以对选区中的图像进行各种编辑操作，且各操作只对选区中的图像有效。

2.在图像中创建通道蒙版后，可以使用工具箱中的绘图工具、调整命令和滤镜命令等来编辑通道蒙版。通道蒙版的编辑主要针对Alpha通道，Alpha通道中的选区可以随时调用，而不用重复选取。

3.蒙版必须在普通图层中使用，在背景图层中不能创建蒙版。

本/章/小/结

本章主要介绍了通道与蒙版的基本功能与操作方法。通过学习，用户应该对通道与蒙版有更深的了解，并通过蒙版的编辑和使用，可以制作出漂亮的文字或图像效果。

思考与练习

一、填空题

1. 通道主要用于存储图像中的__________，一幅图像通过多个通道显示它的色彩，不同的色彩模式，其 __________不等。

2. 蒙版分为__________、__________和 __________ 3种。

二、选择题

1. 在“通道”面板中，(　　) 通道不能更改其名称。

(A) Alpha　　(B) 专色

(C) 复合　　(D) 单色

2. 在Photoshop中保存图像文件时，使用 (　　) 格式不能存储通道。

(A) PSD　　(B) TIFF

(C) DCS　　(D) JPEG

三、上机操作

1. 新建一个图像文件，创建文字选区，并将该选区保存到通道面板中。

2. 打开一幅图像，练习使用蒙版功能精确选择某区域。

3. 打开一幅只有背景图层的RGB图像，练习使用分离通道功能进行图像通道的分离。

4. 新建一幅图像，利用通道制作如题图6.1所示的文字效果。

题图 6.1

第七章

路径、形状与文字的应用

章节导读

本章系统地介绍了路径面板、路径的创建以及路径的编辑等应用功能与操作方法。

第一节 路径的概念

路径是Photoshop CS6的重要工具之一，利用路径工具可以绘制各种复杂的图形，并能够生成各种复杂的选区。灵活巧妙地使用路径工具可以使设计得到事半功倍的效果。

若要显示路径面板可选择“窗口”→“路径”命令，如图7-1所示，利用该面板可对路径进行填充、描边、保存等操作，并且可以在选区和路径之间进行相互转换。

路径面板的中间是工作路径列表，列出了当前工作路径的缩略图及名称。用户可以双击路径名，在弹出的“重命名路径”对话框中输入新的路径名称。

图7-1 路径面板

学习重点：
路径的概念；
常用创建路径工具；
编辑路径。

小贴士

所谓的路径是使用钢笔、自由钢笔工具等绘制的任何线条或形状。路径工具可以绘制精确的选区边界。

路径面板的下方有6个按钮，其中大多数按钮的功能与路径面板菜单中的相对应，其具体功能介绍如下：

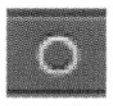

：单击此按钮，可用前景色填充路径包围的区域。

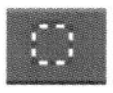

：单击此按钮，可用描绘工具对路径进行描边处理。

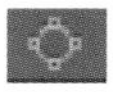

：单击此按钮，可将当前绘制的封闭路径转换为选区。

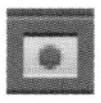

：单击此按钮，可将图像中创建的选区直接转换为工作路径。

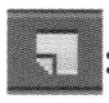

：单击此按钮，可在路径面板中创建新的路径。

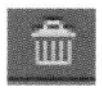

：单击此按钮，可将当前路径删除。

所谓路径在屏幕上表现为一些不可打印、不活动的矢量形状。

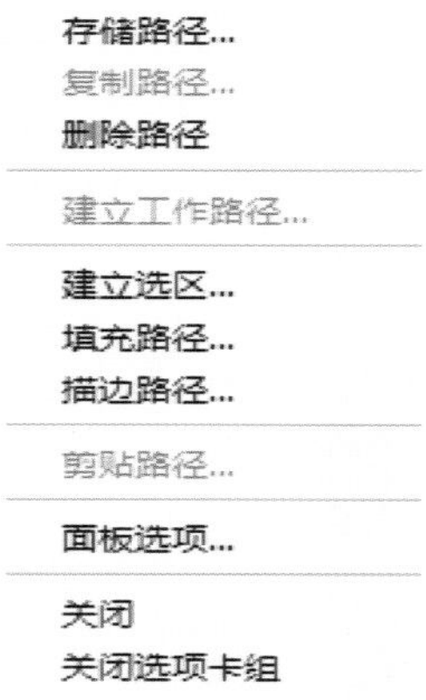

存储路径...
复制路径...
删除路径
建立工作路径...
建立选区...
填充路径...
描边路径...
剪贴路径...
面板选项...
关闭
关闭选项卡组

图7-2　路径面板菜单

路径面板选项
缩览图大小
无(N)
确定
取消

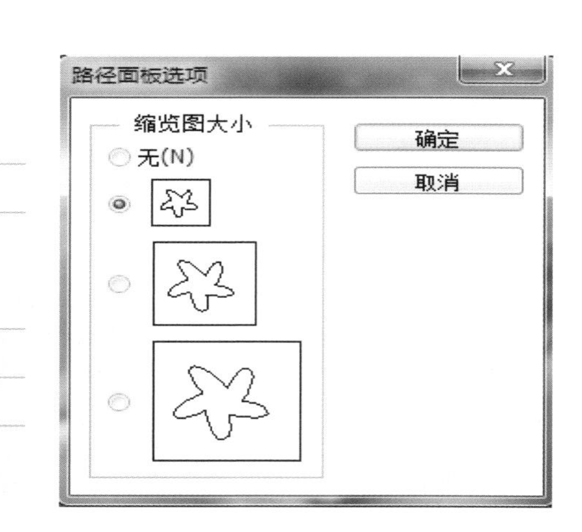

图7-3　调整路径缩览图大小

单击路径面板右上角的 按钮，可弹出如图7-2所示的路径面板菜单，在其中包含了所有用于路径的操作命令，如新建、复制、删除、填充和描边路径等。另外，用户可以选择路径面板菜单中的命令，在弹出的“路径调板选项”对话框中调整路径缩览图的大小，如图7-3所示。

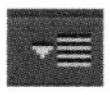

第二节　常用创建路径工具

在Photoshop CS6中，常用的创建路径工具有钢笔工具、自由钢笔工具、形状工具3种。下面将具体介绍如何利用这些工具来创建路径。

一、钢笔工具

钢笔工具是一种特殊的工具，用它可以创建精确的直线和平滑流畅的曲线，但是用它绘制出的矢量图形是不含任何像素的。单击工具箱中的“钢笔工具”按钮，其属性栏如图7-4所示。

其属性栏中的选项介绍如下。

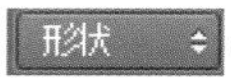

形状
：单击此按钮表示在使用钢

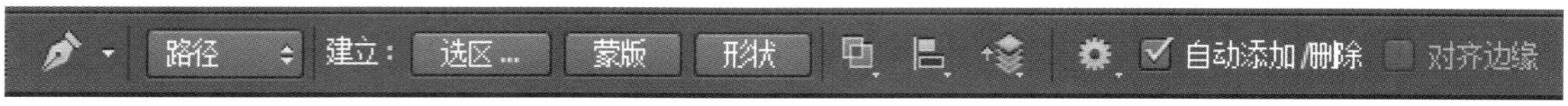

路径
建立：
选区...
蒙版
形状
自动添加/删除
对齐边缘

图7-4　钢笔工具栏

笔工具绘制图形后，不但可以绘制路径，还可以创建一个新的形状图层。形状图层可以理解为带形状剪贴路径的填充图层，图层中间的填充色默认为前景色，如图7-5所示。

路径：单击此按钮表示使用钢笔工具绘制某个路径后只产生形状所在的路径，而不产生形状图层，如图7-6所示。

像素：单击此按钮表示填充像素。该按钮只有在当前工具是某个形状工具时才能被激活。使用某一种形状工具绘图时，既不产生形状图层也不产生路径，但会在当前图层中绘制一个有前景色填充的形状，如图7-7所示。

：单击此按钮可进行增加路径操作，即在原有路径的基础上绘制新的路径。

：单击此按钮可进行减去路径操作，即在原有路径的基础上绘制新的路径，最终的路径是原有路径减去原有路径与新绘制路径的相交部分。

：单击此按钮可进行相交路径操作，即在原有路径的基础上绘制新的路径，最终的路径是原有路径与新绘制路径交叉的部分。

：单击此按钮可对路径进行镂空操作，即在原有路径的基础上绘制新的路径，最终的路径是原有路径与新绘制路径的组合，但必须减去两者的相交部分。

二、形状工具

使用形状工具可以绘制各种各样的形状，并且还可将绘制的形状转换为路径。对于绘制一些特定的路径非常方便。

将绘制的形状转换为路径的方法很简单，这里以自定形状工具为例进行讲解。

（1）单击钢笔工具属性栏中的“自定形状工具”按钮，其工具属性栏如图7-8所示。

（2）在属性栏中单击“形状”选项

路径与钢笔工具结合起来使用，才能达到预期效果。

图7-5　填充绘制图形

图7-6　显示路径

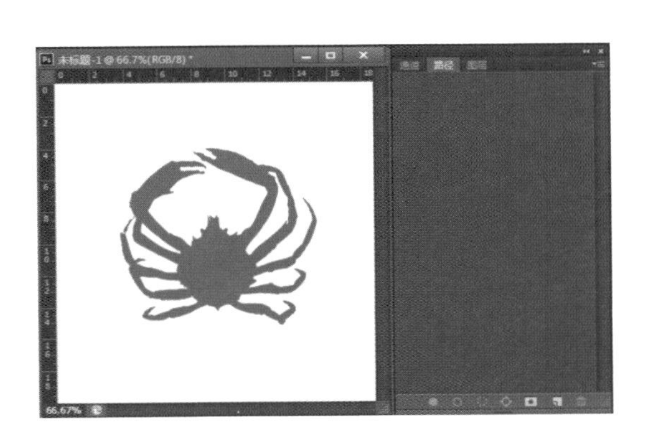

图7-7　绘制前景色形状

形状工具可以很方便地调整图形形状，包括对节点的添加、删除等。

图7-8　自定形状工具栏

图7-9　“形状”列表

右侧的三角形按钮，可在弹出的下拉列表中选择形状，然后在图像中拖动鼠标绘制形状，如图7-9所示。

（3）单击工具箱中的“直接选择路径工具”按钮 直接选择工具 ，在图像中绘制的形状上的任意位置单击，此时绘制的形状如图7-10所示。

（4）下面用鼠标在路径中的锚点上单击并拖动，即可修改路径锚点。

在属性栏中单击“形状”选项右侧的三角形按钮，可弹出如图7-11所示的形状列表框，在其中还可选择其他比较复杂的形状来绘制路径。

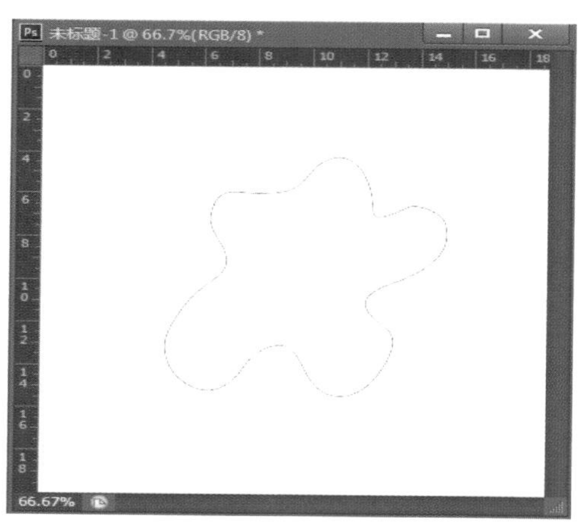

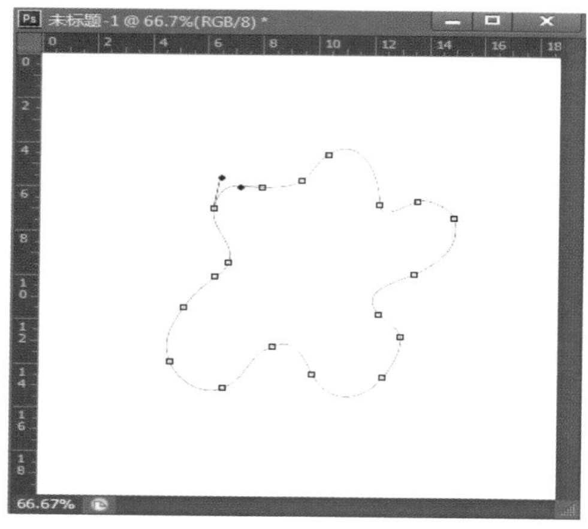

图7-10　路径绘制图

图7-11　形状列表框

三、编辑锚点工具

编辑锚点工具包含在钢笔工具组中，其中有添加锚点工具、删除锚点工具和转换锚点工具3种。下面将以如图7-12所示的路径进行具体介绍。

1. 添加锚点

单击工具箱中的“添加锚点工具”按钮，将鼠标指针放在需要添加锚点的路径上，当指针变为 形状时单击鼠标左键，即可在路径上添加一个新的锚点，效果如图7-13所示。

2. 删除锚点

单击工具箱中的“删除锚点工具”按钮，将鼠标指针放在路径中需要删除的锚点上，当指针变为 形状时单击鼠标左键，即可删除路径上的锚点，效果如图7-14所示。

3. 转换锚点

单击工具箱中的“转换锚点工具”按钮，将鼠标指针放在路径中需要转换的锚点上，当指针变为 形状时单击鼠标左键并拖动，即可转换路径上的锚点，效果如图7-15所示。

路径由锚点及连接锚点的线段（曲线）构成，每个锚点还包含两个句柄，来精确调整锚点和线段的曲度，匹配出想要选取的边界。

图7-12　示例路径

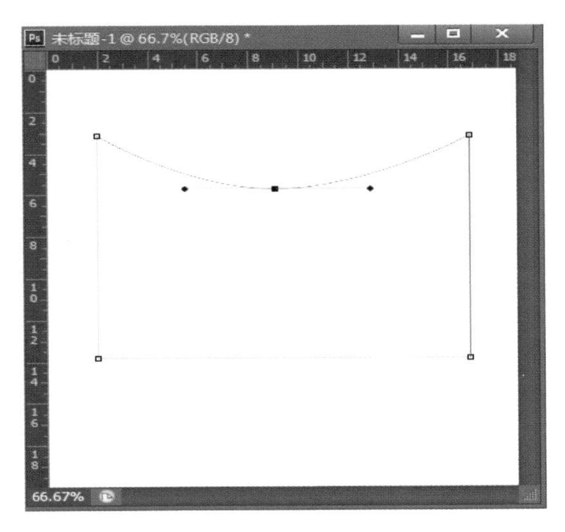

图7-13　添加锚点

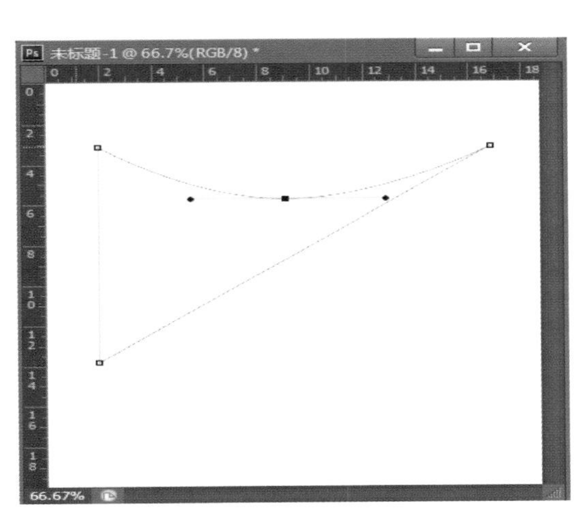

图7-14　删除锚点

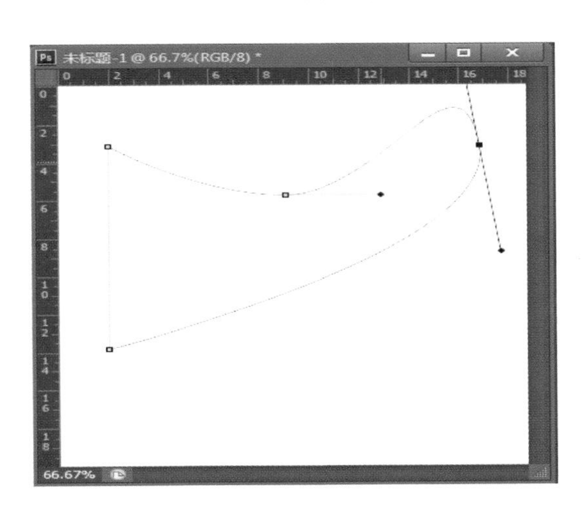

图7-15　转换锚点

第三节
编辑路径

绘制完路径后，可将路径转换为选取范围来进行各种编辑，也可以通过填充或描边的方式为路径添加颜色。路径的编辑主要包括选择路径、填充路径、描边路径以及将路径转换为选区等。

一、选择路径

单击工具箱中的“直接路径选择工具”按钮，可用来移动路径中的锚点和线段，也可以调整方向线和方向点，在调整时对其他的点或线无影响。

用直接路径选择工具选择路径的方法如下。

（1）若要选择整条路径，在选择路径的同时按住“Alt”键，然后单击该路径。

（2）直接用鼠标拖曳出一个选框围住要选择的路径部分。

（3）若要连续选择多个路径，可在选择时按住“Shift”键，然后单击需要选择的每一个路径。

用直接路径选择工具调整和删除线段的方法如下。

（1）若要调整直线段，可单击工具箱中的“直接路径选择工具”按钮，选择要调整的线段，然后用鼠标选择一个锚点进行拖移，可以调整线段的角度和长度。

（2）若要调整曲线段，可单击工具箱中的“直接路径选择工具”按钮，选择要调整的曲线段或点，然后用鼠标拖移锚点，或拖移方向点。

（3）若要删除路径，可单击工具箱中的“直接路径选择工具”按钮，选择要删除的曲线或直线段，然后按“Back space”键或按“Delete”键都可删除所选的线段，继续按“Back space”键或按“Delete”键可删除余下的路径。

二、填充路径

填充路径可按指定的颜色、图像或图案填充路径区域，具体的操作方法如下：

在“路径”面板中选择需要填充的路径后，单击路径面板右上角的 按钮，在弹出的路径面板菜单中选择“填充路径”命令，可弹出“填充路径”对话框，如图7-16所示。

在该对话框中，单击“使用”选项右

已绘制完成的路径如需要再次编辑可长按工具栏上箭头按钮弹出“路径选择工具”使用。

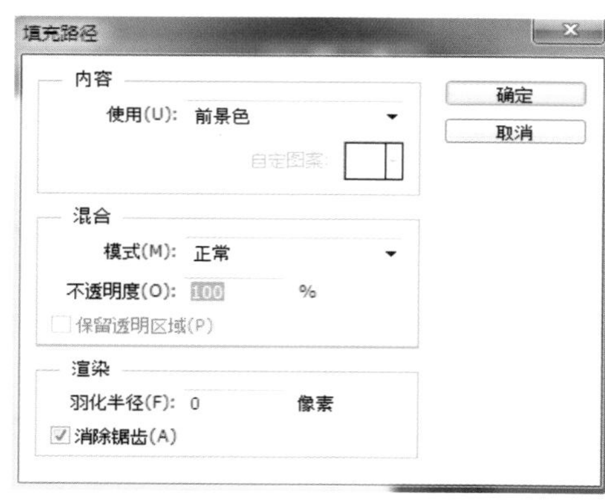

图7-16 “填充路径”对话框

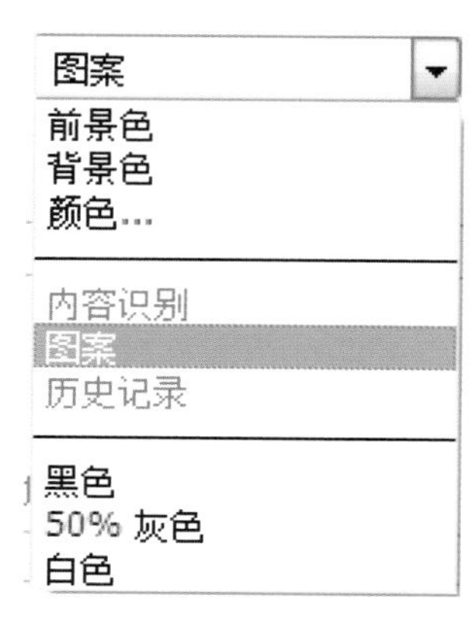

图7-17 “使用”下拉列表

侧的三角形按钮，可在弹出的下拉列表中设置填充路径样式，如图7-17所示。设置好各项参数后，单击“确定”按钮即可填充路径。如图7-18所示的为使用图案填充路径效果。

三、描边路径

在Photoshop CS6中，可使用画笔、橡皮擦和图章等工具来描边路径，如图7-19所示的为使用画笔描边路径效果。具体操作方法如下。

在“路径”面板中选择需要描边的路径后，单击路径面板右上角的按钮，在弹出的路径面板菜单中选择“描边路径”命令，可弹出“描边路径”对话框，

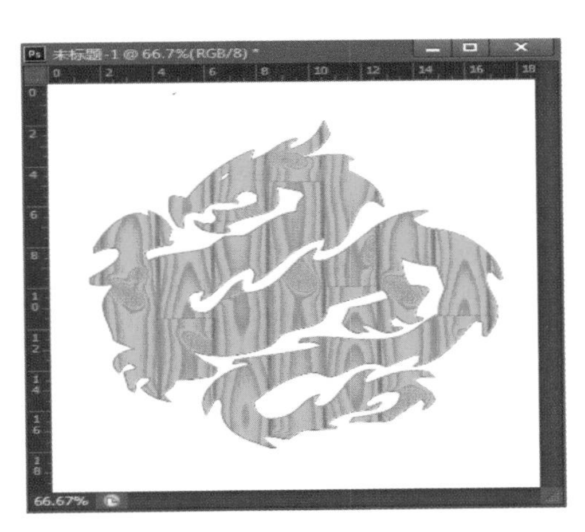

图7-18　图案填充效果

图7-19　画笔描边路径效果

如图7-20所示。

在该对话框中，单击 工具：铅笔 选项右侧下拉列表，选择用来描边的工具，如图7-21所示。设置好各项参数后，单击“确定”按钮即可描边路径。

四、路径与选区的互相转换

1. 路径转选区

将路径转换为选区的方法有以下4种。

（1）在路径面板上选择需要转换的路径，然后单击“将路径作为选区载入”按钮，即可将该路径转换为选区。

（2）用鼠标直接将需要转换的路径拖动到“将路径作为选区载入”按钮上，也可将路径转换为选区。

（3）选择需要转换的路径，然后单击路径面板右上角的按钮，在弹出的路径面板菜单中选择“建立选区”命令，可弹出“建立选区”对话框，如图7-22所

图7-20　“描边路径”对话框

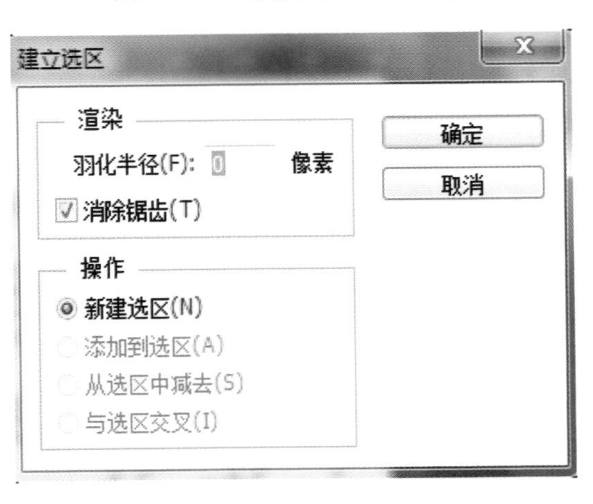

图7-22　“建立选区”对话框

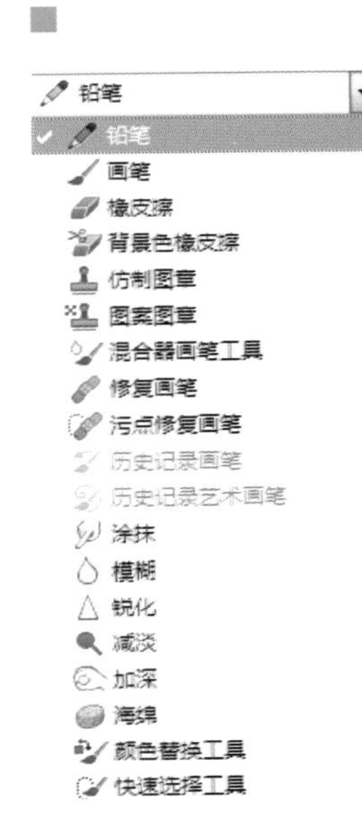

图7-21　“工具”下拉列表

小贴士

直接在工具箱中单击“画笔工具”按钮，在其属性栏中设置各个属性，然后单击路径面板底部的“用画笔描边路径”按钮，即可对路径进行描边。

示。在该对话框中可设置需要转换的路径所在选区的相关参数，单击“确定”按钮，即可将路径转换为选区。

（4）按住“Ctrl”键的同时单击路径面板上需要转换的路径，即可快速地将路径转换为选区，效果如图7–23所示。

2. 选区转路径

若要将创建的选区转换为路径，单击路径面板底部的“从选区生成工作路径”按钮即可。

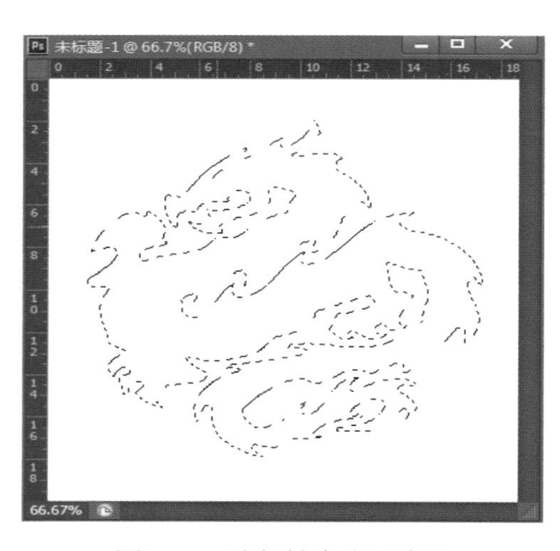

图7–23　路径转为选区效果

第四节 文字的基本操作

一、文字的创建

在Photoshop CS6中包括4种类型的文字工具，分别是：横排文字工具、直排文字工具、横排文字蒙版工具和直排文字蒙版工具。使用这些工具可以创建出适量效果的横排、竖排、段落、文字选区等文本样式。创建文字后，可以在工具选项栏中设置字体、大小、颜色等文字的属性。

使用工具箱中的“文字工具”，如图7–24所示。

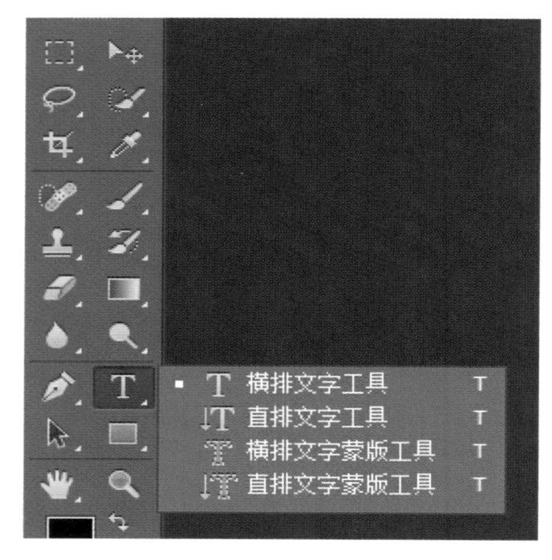

图7–24　文字工具组

在图像窗口中单击鼠标，出现闪烁光标后即可输入文字，如图7–25所示。

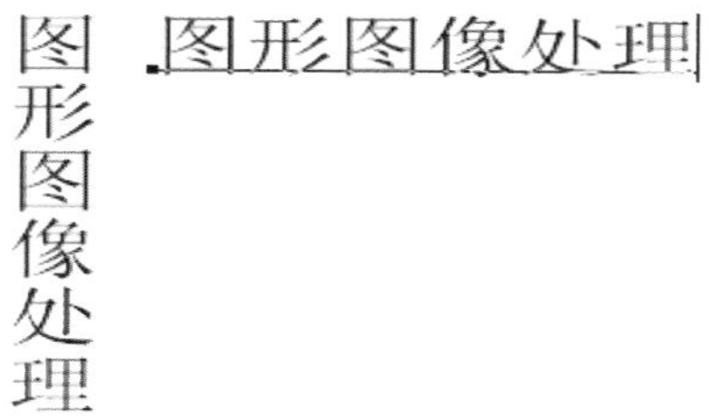

图形图像处理

图形图像处理

图7–25　输入文字

二、文字的编辑

在“字符”面板中设置文字的格式，该面板中，除了可以设置文字的字体、大小、颜色等属性外，还能设置更多的选项，力图更改文字的字间距、行距、缩放比例、基线偏移及文字样式等。执行“窗口→字符”命令或者选中输入好的文字，按“Ctrl+T”快捷键可以打开字符面板，如图7-26所示。注意：“消除锯齿”命令会在文字边缘自动填充一些像素，使之溶入文字的背景色中。当创建网上使用的文字时，需要考虑到消除锯齿会大大增加原图像中的颜色数量，这样会增加文件的大小，并可能导致文字边缘出现杂色。

设置字体系列
设置字体大小
设置两个字符间的字距微调
设置所选字符的比例间距
垂直缩放
设置基线偏移
文字样式
语言设置
设置字体样式
设置行距
设置字体间距
水平缩放
设置抗锯齿选项
字符
段落
宋体
12点
(自动)
0
0
0%
100%
100%
0点
颜色：
美国英语
锐利

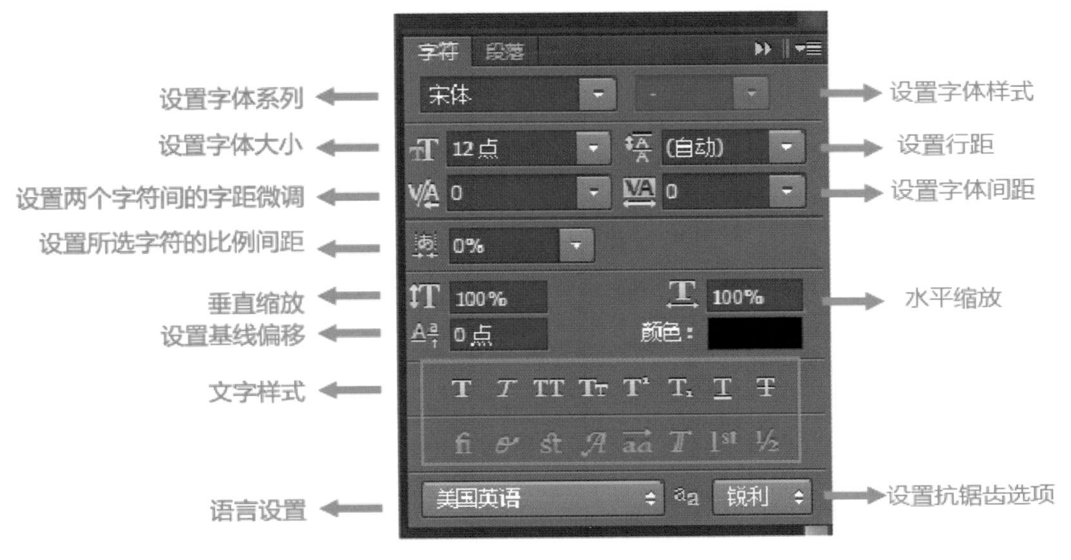

图7-26　字符面板

三、段落的编辑

在文字排版中，当出现较多的文本时，可以创建文本框对其进行段落设置，执行“窗口→段落”明亮，打开“段落”面板，可以设置文本段的对齐方式及段落微调等，如图7-27所示。选择任意一个文字工具，在图像窗口中单击并拖拉出一个文本框，可将文字直接输入或从其他文档中复制到文本框。文本框中的文字会按章文本框的大小自行换行。调整周围的控制点，可以改变文本框的大小。当文本框右下角出现一个加号时，表示文本框过小未能显示完全文字，当鼠标移动到任意一个控制点时，鼠标指针会变成旋转箭头，单击并拖动鼠标即可旋转文本框。

段落调板功能分别有段落对齐：齐左、居中、齐右、末行齐左、末行居中、末行齐右、全部对齐；段落缩进：左缩进、右缩进、首行缩进（输入负值为悬挂缩进）、段前距和段后距，如图7-28所示。

当需要使用大量同一类型文本时，字符和段落格式工具就可以节省大量时间。

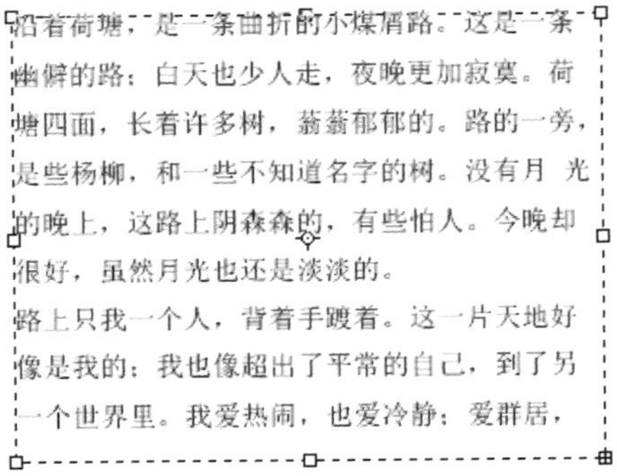

沿着荷塘，是一条曲折的小煤屑路。这是一条
幽僻的路；白天也少人走，夜晚更加寂寞。荷
塘四面，长着许多树，蓊蓊郁郁的。路的一旁，
是些杨柳，和一些不知道名字的树。没有月 光
的晚上，这路上阴森森的，有些怕人。今晚却
很好，虽然月光也还是淡淡的。
路上只我一个人，背着手踱着。这一片天地好
像是我的；我也像超出了平常的自己，到了另
一个世界里。我爱热闹，也爱冷静；爱群居，

图7-27　文本框输入文字

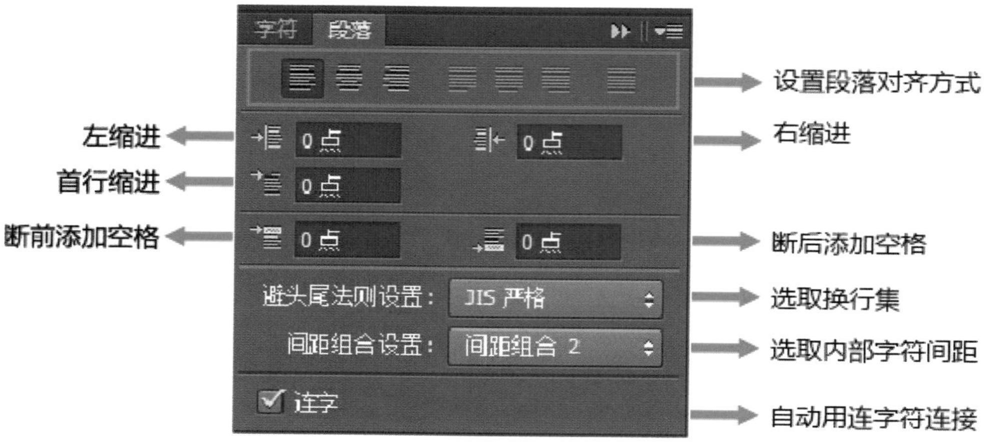

字符 段落

设置段落对齐方式

左缩进 0点 右缩进 0点

首行缩进 0点

断前添加空格 0点 断后添加空格 0点

避头尾法则设置：JIS 严格 选取换行集

间距组合设置：间距组合 2 选取内部字符间距

连字 自动用连字符连接

图7-28 段落调板

小贴士

当出现大量文本时，最常用的就是使用文本的对齐方式进行排版。“段落面板”中左对齐文本。居中对齐文本和右对齐文本是所有文字排版中3种最基本的对齐方式，它是以文字宽度为参照物使文本对齐。而最后一行左对齐、最后一行居中对齐、最后一行右对齐是以文本框的宽度为参照物使文本对齐。全部对齐是所有文本行均按照文本框的宽度左右对齐。

第五节 文字特效

一、转换文字图层

选中文字图层，执行“文字→转换为形状”命令，可将文字图层转换为形状图层。或鼠标放在相应文字图层，单击右键选择栅格化文字。均为把文字转换为图层。动作不可逆。

二、文字扭曲

执行文字→创建工作路径命令可创建文字轮廓路径，结合使用直接选择工具可调整字体的形状。如图7-29所示。

执行文字→文字变形明亮或单击工具栏中的创建文字变形按钮，打开变形文字对话框，可以对单个文字或文本进行不同形状变形，如图7-30所示。

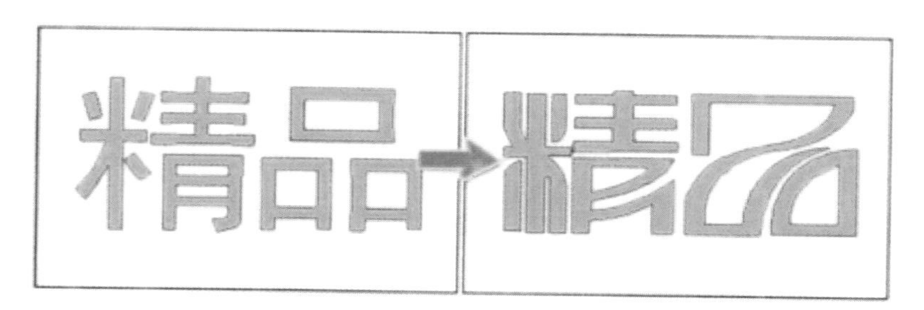

图7-29 文字扭曲

样式(S): 扇形　　样式(S): 旗帜　　样式(S): 鱼眼

图7-30　文字变形按钮

本／章／小／结

本章系统地介绍了路径面板、路径的创建以及路径的编辑等应用功能与操作方法。通过学习，读者应熟练使用创建路径工具创建所需的路径，并利用编辑路径工具对所创建的路径进行编辑。另外，还可在路径面板中将创建的路径转换为选区，或对路径进行描边和填充，这也是本章的学习重点。

思考与练习

一、填空题

1. 所谓的路径是使用钢笔、自由钢笔工具等绘制的任何________或________。

2. 常用的创建路径工具有____________、__________和____________3种。

二、选择题

1. 使用（　）工具可以绘制非几何形状的路径或图形。

（A）钢笔工具　　　　（B）自由钢笔工具

（C）多边形工具　　　（D）自定形状工具

2. 在路径面板底部单击（　）按钮，可以将路径转换为选区。

（A） 　　　　（B）

（C） 　　　　（D）

三、上机操作

利用本章所学的钢笔工具，将题图7.1所示的小狗轮廓勾选出来，并将勾选的轮廓路径转换为选区，再将背景填充为白色，其效果如题图7.2所示。

题图　7.1

题图　7.2

第八章 滤镜的应用

章节导读

■ 本章系统地介绍了滤镜的种类以及各种滤镜效果解析。

第一节 认识滤镜

一、滤镜简介

所有滤镜都是增效工具，作用是帮助用户制作图像的各种特效。大多数滤镜不能在灰色模式、索引模式及双色通道模式中使用，并且有些滤镜只适用于RGB颜色模式，因此如果某个滤镜不可用可以将图像转换成RGB模式再应用滤镜。

二、滤镜菜单

选择要执行滤镜的图层，选择“滤镜”菜单，再选择滤镜命令，如图8-1所示。

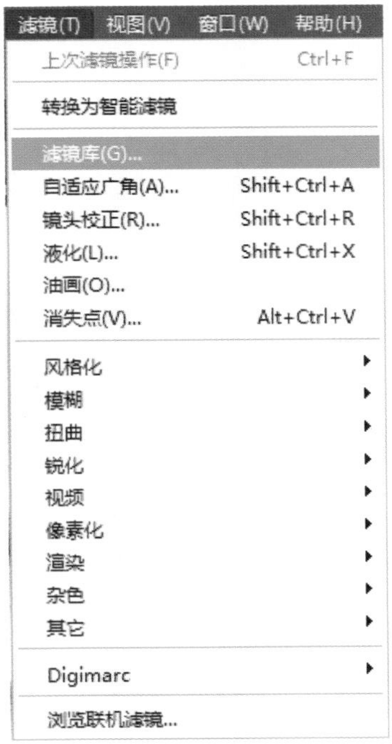

图 8-1　滤镜菜单

学习重点：
液化滤镜；
扭曲滤镜；
油画滤镜；
模糊滤镜。

第二节
各种滤镜效果解析

一、液化滤镜

液化滤镜可以使图像局部产生变形、旋转扭曲、扩展、收缩等效果。液化滤镜效果只对RGB、CMYK、Lab颜色模式及灰度模式起作用。打开液化命令，如图8-2所示。

向前变形工具：将被涂抹区域内的图像产生向前位移效果。

重建工具：在液化变形后的图像上涂抹，可还原成原图像效果。

褶皱工具：使图像产生向内压缩变形效果。

膨胀工具：使图像产生向外膨胀放大的效果。

左推工具：使图像中的像素产生向左位移变形的效果。

抓手工具：移动放大后的图像。

缩放工具：缩放图像大小。

使用向前变形工具、褶皱工具、膨胀工具的效果如图8-3所示。

图 8-2　液化

图 8-3　变形工具效果

小贴士

使用液化滤镜工具，可以对图像任意扭曲，以及定义扭曲的范围和强度。还可以将我们调整好的变形效果存储起来或载入以前存储的变形效果。总之，液化命令在Photoshop CS6中为变形图像和创建特殊效果提供了强大的功能。

二、滤镜库

通过滤镜库可以连续地应用多个滤镜，或者重复应用同一个滤镜，并可随时调整这些滤镜应用的先后次序及每一个滤镜的选项参数。对于某些涉及复杂滤镜应用的图像处理工作而言，使用滤镜库可以极大地简化工作流程。

执行菜单中的“滤镜”“滤镜库”命令，可以弹出如图8-4所示的“滤镜库”对话框。在该对话框列表中提供了“风格化”、“画笔描边”、“扭曲”、“素描”、“纹理”和“艺术效果”6 组滤镜。在“滤镜库”对话框中左侧是效果预览窗口、中间是6 组可供选择的滤镜，右侧是参数设置区。

“滤镜库”对话框中各项参数具体含义如下。

显示/隐藏滤镜缩览图：单击该按钮，可以切换隐藏或显示滤镜缩览图，以增大或缩小预览窗口。

弹出菜单：单击按钮，可以在打开的下拉菜单中选择一个滤镜。这些滤镜是按照滤镜名称拼音的先后顺序排列的。

参数设置区：用于显示所选择的滤镜的相关参数。

滤镜组：“滤镜库”包括6 组滤镜。单击 ▷ 按钮，可以展开滤镜组；单击 ▽ 按钮，可以折叠滤镜组。

当前使用的滤镜：显示当前使用的滤镜。

当前选择的滤镜：单击一个效果图层，该效果层会以灰色显示，表示该滤镜为当前选择状态。

已应用但未选择的滤镜：未选择的滤镜，但该效果层前方有图标的，表示该滤镜已应用但未被选择。

隐藏的滤镜：单击效果图层前面的图标，可以隐藏该滤镜效果。

删除效果图层：选择一个效果图层，然后单击该按钮，可以将其删除。

新建效果图层：单击该按钮，可以新建一个效果图层，在该图层上可以应用一个滤镜。

效果预览窗口：用来预览应用滤镜后的效果。

缩放区：用于放大或缩小效果预览窗口中图像的显示比例。

下面举例展示了6组滤镜的默认效果，如图8-5、图8-6、图8-7所示。

滤镜通常需要与通道、图层等联合使用，才能取得最佳的艺术效果。

图 8-4　滤镜库

要在最适当的时候应用最适当的滤镜，除了美术功底之外，还需要用户对滤镜熟悉和操控的能力，甚至具有丰富的想象力。

图8-5　画笔描边

图8-6　艺术效果

图8-7　纹理

小贴士

使用滤镜库可以同时给图像应用多种滤镜，减少了打开滤镜的次数，节省操作时间。

注意：一个效果图层只允许存放一种滤镜效果。要删除应用的滤镜，请在已应用滤镜的列表中选择一个滤镜，然后单击“删除”按钮。单击效果图层旁的眼睛图标，可在预览图像中隐藏效果。

三、油画滤镜

旧版本的Photoshop 滤镜也可以制作出油画效果，但效果不明显，制作也比较复杂。利用Photoshop CS6 新增的“油画”滤镜则可以轻松方便地制作出经典油画效果，如图8–8所示。

该对话框中的主要参数含义如下。

样式化：用来调整笔触样式。

清洁度：用来设置纹理的柔化程度。

缩放：用来对纹理进行缩放。

硬毛刷细节：用来设置画笔细节的丰富程度，该值越高，毛刷纹理越清晰。

角方向：用来设置光线的照射角度。

闪亮：用来提高纹理的清晰度，产生锐化效果。

图8–8　油画效果

小贴士

如果油画滤镜被禁用，请检查您的计算机是否支持OpenCL v1.1 或更高版本。有关详细信息，请参阅GPU 卡常见问题解答。

在配有AMD图形处理器且运行Mac OS X 10.11 及更高版本的计算机上，您可以将Apple 的Metal 图形加速框架与油画滤镜结合使用。请按以下步骤进行操作：

a.选择“首选项”→“性能”。

b.确保已选中使用图形处理器。

c.打开高级图形处理器设置对话框。

d.选择使用本机操作系统的GPU 加速。

四、模糊滤镜

“模糊”滤镜组中的滤镜用于削弱相邻像素的对比度并柔化图像，使图像产生模糊效果。该组滤镜包括14 种滤镜，它们都不可以在滤镜库中使用。下面介绍几种常用的滤镜。

1. 场景模糊

“场景模糊”滤镜是Photoshop CS6 新增的滤镜，该滤镜可以用一个或多个图钉对图像中不同的区域应用模糊效果。图8-9为原图，执行菜单中的“滤镜”“模糊”“场景模糊”命令，此时画面中央会出现一个图钉，右侧出现“模糊工具”和“模糊效果”两个面板，如图8-10 所示。下面在画面中同通过单击的方式添加4个图钉，然后将两个位于人物位置的图钉的“模糊”数值设置为0 像素，将其余4个图钉的“模糊”数值设置为30 像素，此时画面效果如图8-11 所示，最后单击上方的“确定”按钮，效果如图8-12所示。

图8-9　原图

图8-10　模糊图钉

图8-11　分别设置图钉参数

图8-12　模糊效果

2. 光圈模糊

“光圈模糊”滤镜也是Photoshop CS6 新增的滤镜，该滤镜可以在图像上创建一个椭圆形的焦点范围，处于焦点范围内的图像保持清晰，而之外的图像会被模糊。图8-13为原图，执行菜单中的“滤镜”“模糊”“光圈模糊”命令，此时画面中央会出现一个图钉，右侧出现“模糊工具”和“模糊效果”两个面板，如图8-14所示。下面旋转光圈，并适当调整光圈的大小，再选择画面中央的图钉，将其“模糊”数值设置为30像素，此时画面效果如图8-15 所示，最后单击上方的“确定”按钮，效果如图8-16所示。

图8-13　原图

图8-14　模糊图钉

图8-15　设置图钉参数

图8-16　模糊光圈效果

3. 表面模糊

“表面模糊”滤镜用于对图像的表面高亮部分进行模糊处理。图8-17为原图，执行菜单中的“滤镜”“模糊”“表面模糊”命令，然后在弹出的对话框中设置参数，如图8-18 所示，单击“确定”按钮，效果如图8-19所示。

图8-17　原图

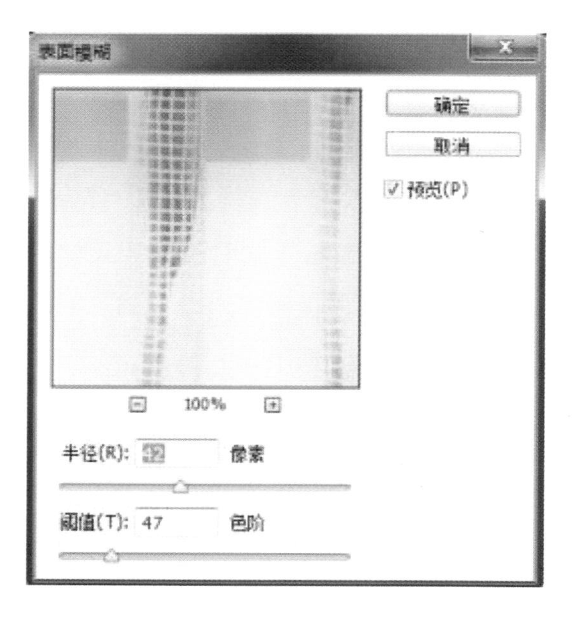

图8-18　设置参数

图8-19　表面模糊效果

4. 动感模糊

“动感模糊”滤镜类似于给移动物体拍照。图8-20 为原图，执行菜单中的“滤镜”“模糊”“动感模糊”命令，将弹出如图8-21所示的对话框。在该对话框中，拖动“角度”转盘可以调整模糊的方向，拖动“距离”滑块可以调整模糊的程度。单击“确定”按钮，效果如图8-22所示。

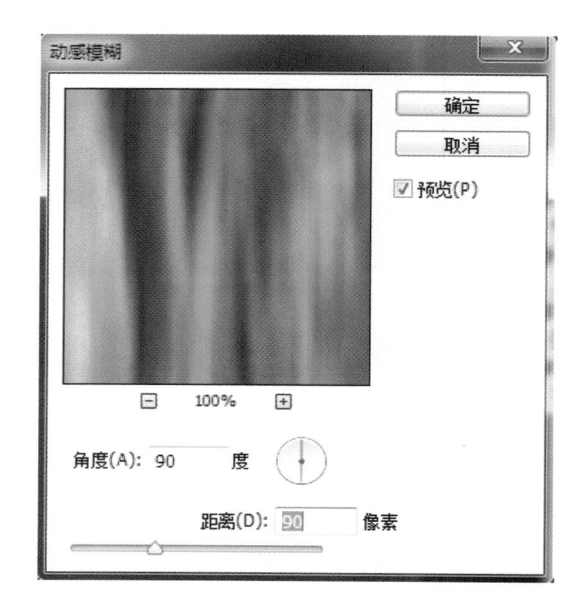

图8-21　设置参数

动感模糊通常运用于运动中的人物或物体效果。

图8-20　原图

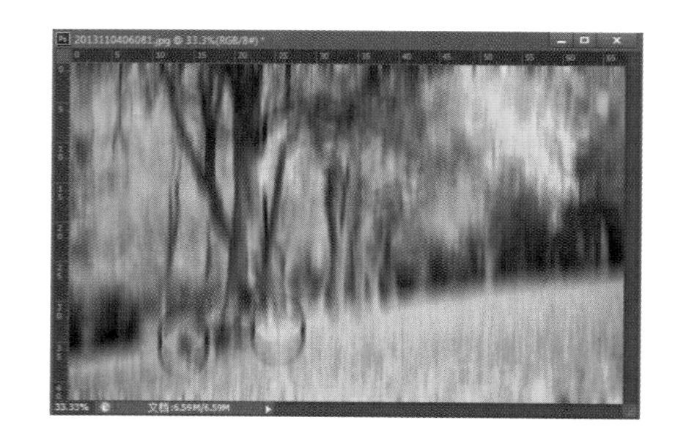

图8-22　动感模糊效果

5. 高斯模糊

“高斯模糊”滤镜是最重要、最常用的模糊滤镜，它可以向图像中添加低频细节，使图像产生一种朦胧的模糊效果。图8-23为原图，执行菜单中的“滤镜”“模糊”“高斯模糊”命令，将弹出如图8-24所示的对话框，设置相应参数后，单击“确定”按钮，效果如图8-25所示。

图8-23　原图

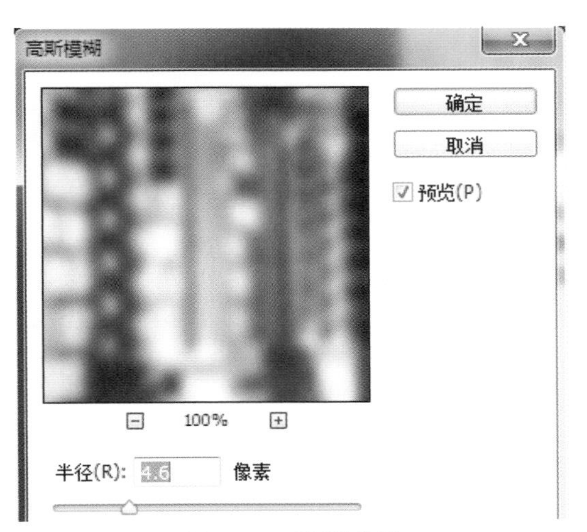

图8-24　设置参数

图8-25　高斯模糊效果

五、扭曲滤镜

“扭曲”滤镜组可以将图像进行各种几何扭曲，该组滤镜包括12种滤镜，其中9种位于“滤镜”菜单的“扭曲”子菜单中，另外“玻璃”、“海洋波纹”和“扩散亮光”3种滤镜位于滤镜库中。下面介绍常用的几种滤镜。

1. 波浪

“波浪”滤镜用于按照指定类型、波长和波幅的波来扭曲图像。图8-26为原图，执行菜单中的“滤镜”“扭曲”“波浪”命令，将弹出如图8-27所示的对话框。在该对话框的“类型”选项组中可以选择勾选“正弦”、“三角形”或“方形”来扭曲图像；拖动“生成器数”滑块可以指定生成波浪的次数；拖动“波长”

图8-26　原图

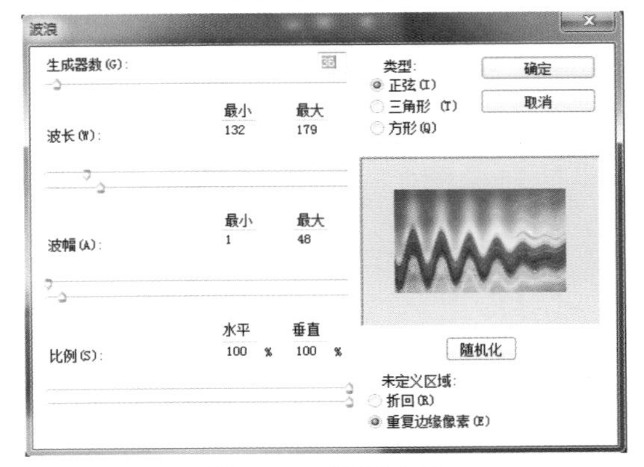

图8-27　设置参数

和“波幅”滑块可分别调整最大波长、最小波长、最大波幅和最小波幅；拖动两个“比例”滑块可以调整波浪在水平和垂直方向上的显示比例；单击“随机化”按钮，可以按指定的设置随机生成一个波浪。单击“确定”按钮，效果如图8-28所示。

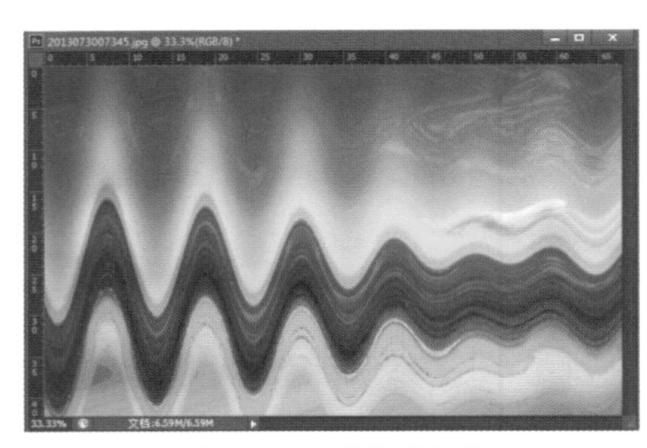

图8-28　波浪滤镜效果

2. 波纹

“波纹”滤镜用于在图像上模拟水波效果。图8-29 为原图，执行菜单中的“滤镜”“扭曲”“波纹”命令，将弹出如图8-30 所示的对话框。在该对话框的“大小”列表框中可选择水波的大小，拖动“数量”滑块可调整水波的数量。单击“确定”按钮，效果如图8-31 所示。

图8-29　原图

图8-30　设置参数

3. 极坐标

“极坐标”滤镜用于将图像由平面坐标系统转换为极坐标系统，或者从极坐标系统转换为平面坐标系统。图8-32 为原图，执行菜单中的“滤镜”“扭曲”“极坐标”命令，然后在弹出的对话框中设置参数，如图8-33 所示，单击“确定”按钮，效果如图8-34 所示。

图8-31　波纹滤镜效果

图8-32　原图

■ 波纹滤镜常用于制作水纹倒影等效果。

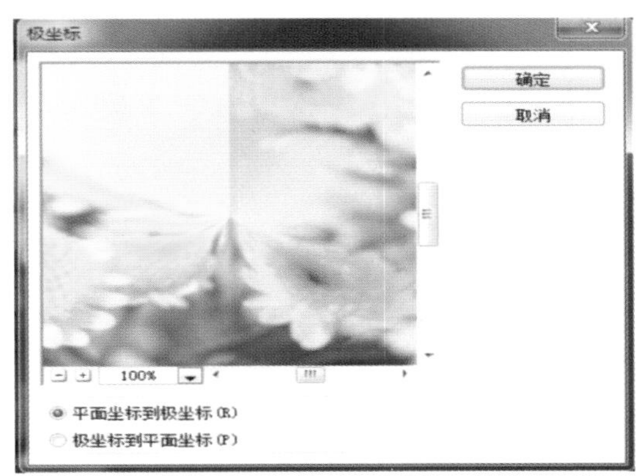

图8-33　设置参数

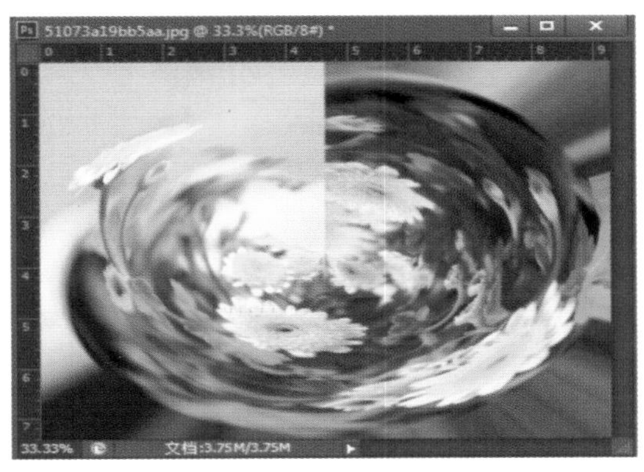

图8-34　极坐标效果

4. 挤压

“挤压”滤镜可以将整个图像或选区内的图像向内或向外挤压。图8-35 为原图，执行菜单中的“滤镜”“扭曲”“挤压”命令，然后在弹出的对话框设置参数如图8-36 所示，单击“确定” 按钮，效果如图8-37 所示。

5. 球面化

“球面化”滤镜可以使图像生成球形凸起，从而产生三维效果。图8-38 为原图，执行菜单中的“滤镜”“扭曲”“球面化”命令，将弹出如图8-39 所示的对话框。在该对话框的“模式”下拉列表框中可以选择按正常、水平优先或垂直优先变形，拖动“数量”滑块可以调整变形的幅度。单击“确定”按钮，效果如图8-40 所示。

图8-35　原图

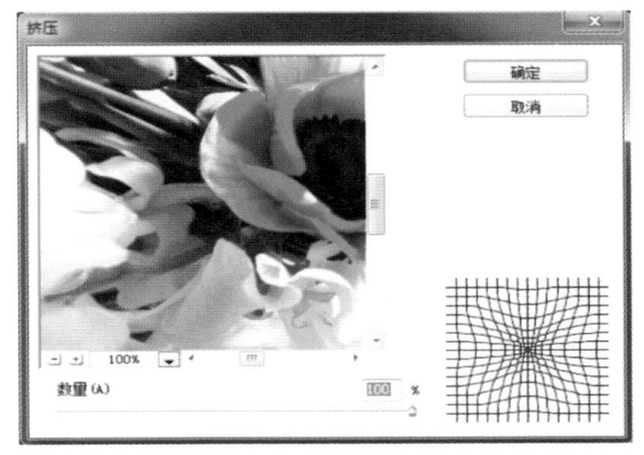

图8-36　设置参数

图8-37　挤压滤镜效果

图8-38　原图

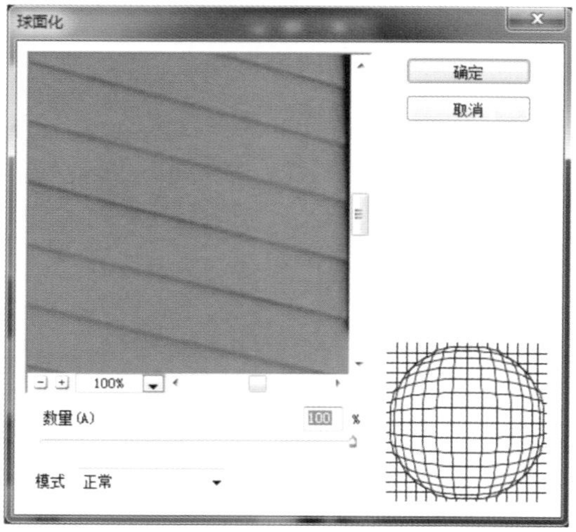

图8-39　设置参数

图8-40　球面化效果

图8-41　原图

图8-42　设置参数

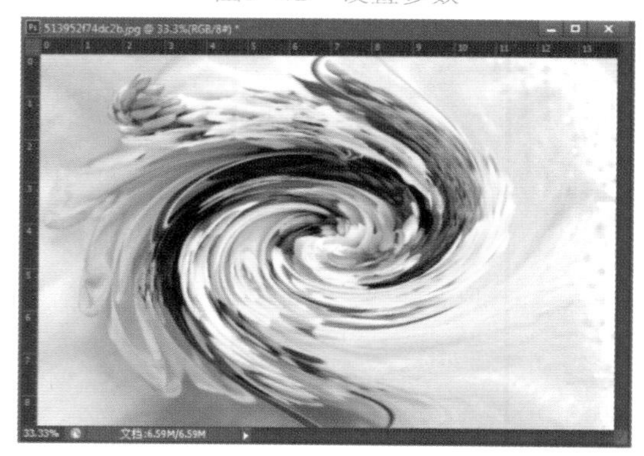

图8-43　旋转扭曲效果

6. 旋转扭曲

“旋转扭曲”滤镜用于将图像旋转扭曲，越靠近图像中心，旋转的程度越大。图8-41为原图，执行菜单中的“滤镜”“扭曲”“旋转扭曲”命令，然后在弹出的对话框中设置参数，如图8-42所示，单击“确定”按钮，效果如图8-43所示。

制作有规律的旋转扭曲图形，需要注意图片的中心点是否与画布中心点重合。

本/章/小/结

本章主要学习了Photoshop CS6中滤镜功能的应用，通过典型的应用案例，让读者一步步熟悉滤镜的应用技巧，掌握这些内容，就能够使用滤镜创作出精致的图像。

思考与练习

一、填空题

1. 按键盘上的______组合键，可以重复执行上次使用的滤镜。

2. 对于______颜色模式的图像，可以使用任何滤镜功能。

3. 使用______滤镜可以在包含透视平面（例如建筑物的侧面、墙壁、地面或任何矩形对象）的图像中进行透视校正操作。

4. 按键盘上的______组合键，可以重复执行上次使用的滤镜。

5. 对于______颜色模式的图像，可以使用任何滤镜功能。

6. 使用______滤镜可以在包含透视平面（例如建筑物的侧面、墙壁、地面或任何矩形对象）的图像中进行透视校正操作。

二、简答题

1. 简述滤镜的使用原则与技巧。

2. 简述智能滤镜的特点。

Big Daddy
Trucking, LLC

第九章
综合实例应用

章节导读

本章主要介绍了photoshop Cs6在不同专业领域中的实例应用步骤，在具体的案例中使读者更加熟练地使用各种命令。

第一节 室内彩色平面图制作

如图9-1所示为室内彩色平面图。

（1）在Photoshop CS6中打开素材图文件夹里的原始户型图“户型图原图”JPG文件，给当前图层重新命名为“户型图原图”，并新建一个图层，命名为“墙体”，如图9-2所示。

（2）选择“户型图原图”图层，使用“魔棒工具”选取所有墙体部分，注意属性栏的运算方式选择“添加到选区”的方式，并将“连续”勾选上，选择后的效

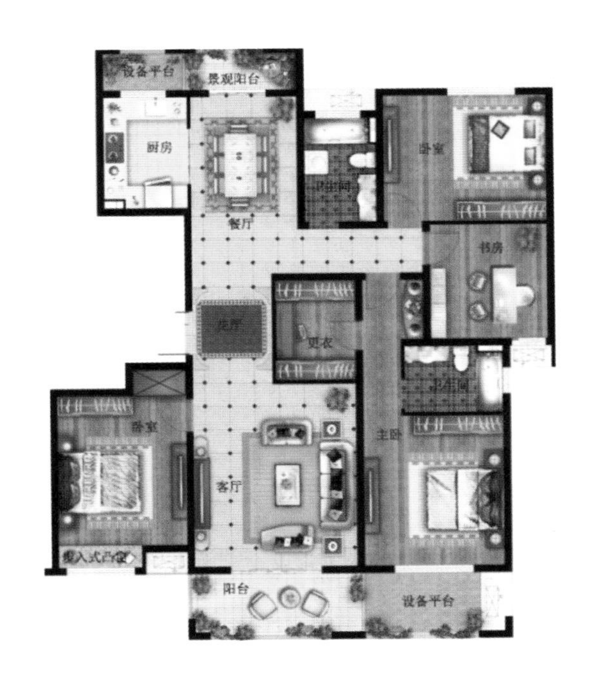

图 9-1　平面布置图

掌握制作室内彩色平面图的方法与作图步骤。

果如图9-3所示。

（3）选择墙体图层为当前图层，将前景色设置为黑色或深灰色，选择“油漆桶工具”给墙体填充颜色，使用快捷键Ctrl+D 取消选区。如图9-4所示。

（4）给墙体图层添加图层样式，选择“投影”。适当调整其参数值，效果如图9-5所示。

图 9-2　墙体

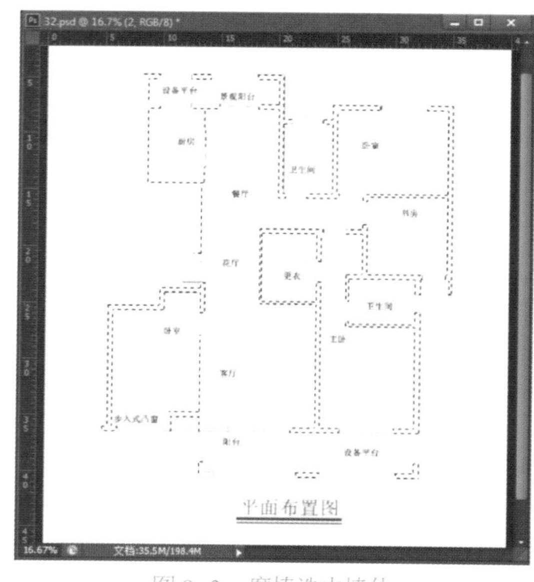

图 9-3　魔棒选中墙体

小贴士

当选中“添加到选区”按钮后，新选中的区域跟以前的选取范围合成为一个选取范围。“连续”选中该复选框，表示只能选中单击处邻近区域中的相同像素；而取消选中该复选框，则能够选中符合该像素要求的所有区域。在默认情况下，该复选框总是被选中的。

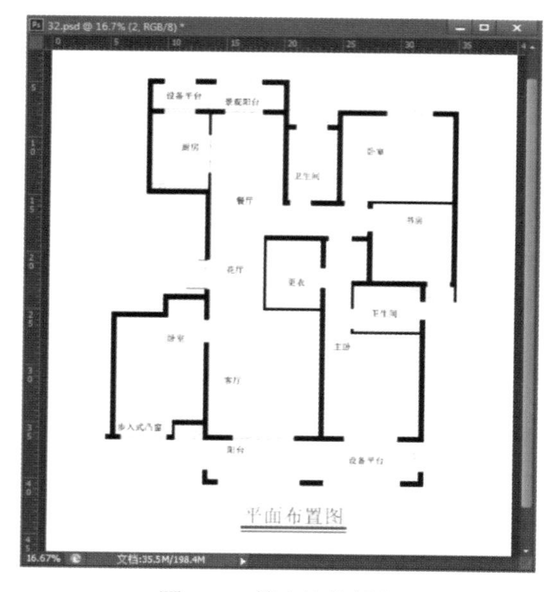

图 9-4　填充墙体颜色

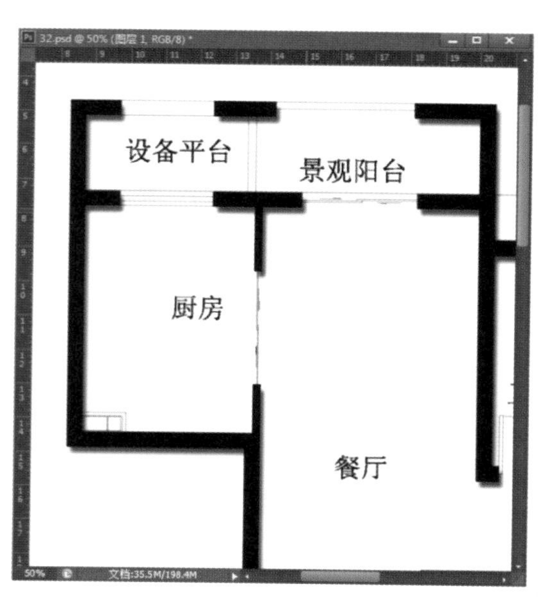

图 9-5　投影样式

小／贴／士

图层样式“投影”各选项意义如下。

1.“混合模式”：选定投影的色彩混合模式，在混合模式选项右侧有一颜色框，单击它可以打开对话框选择阴影颜色。

2.“不透明度”：设置阴影的不透明度，值越大阴影颜色越深。

3.“角度”：用于设置光线照明角度，即阴影的方向会随角度的变化而发生变化。

4.“使用全局光”：可以为同一图像中的所有图层效果设置相同的光线照明角度。

5.“距离”：设置阴影的距离，变化范围为0~30000，值越大距离越远。

6.“扩展”：设置光线的强度，变化范围为0%~100%，值越大投影效果越强烈。

7.“大小”：设置阴影柔化效果，变化范围为0~250，值越大柔化程度越大。

8.“品质”：在此选项中，可通过设置“等高线”和“杂点”选项来改变阴影效果。

9.“图层挖空投影”：控制投影在半透明图层中的可视性闭合。

（5）新建一个图层，命名为“窗体”。选择“室内平面图”图层，使用“魔棒工具”选取所有窗体部分，注意属性栏的运算方式选择“添加到选区”的方式，并将“连续”勾选上，选择后的效果如图9-6所示。

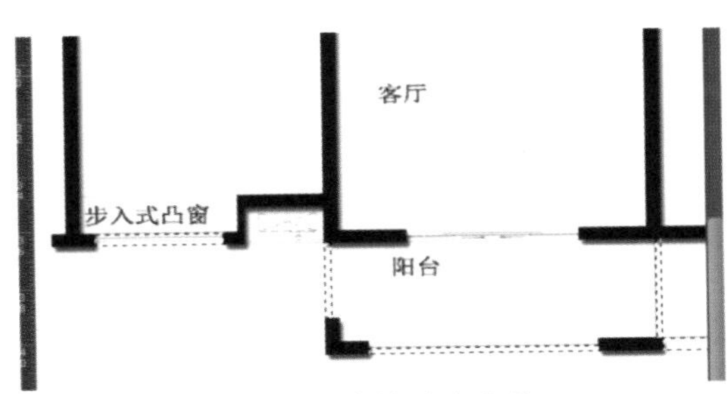

图 9-6　魔棒选中窗体

（6）选择窗体图层为当前图层，将前景色设置为蓝色，选择“油漆桶工具”给墙体填充颜色，使用快捷键Ctrl+D取消选区。效果如图9-7所示。

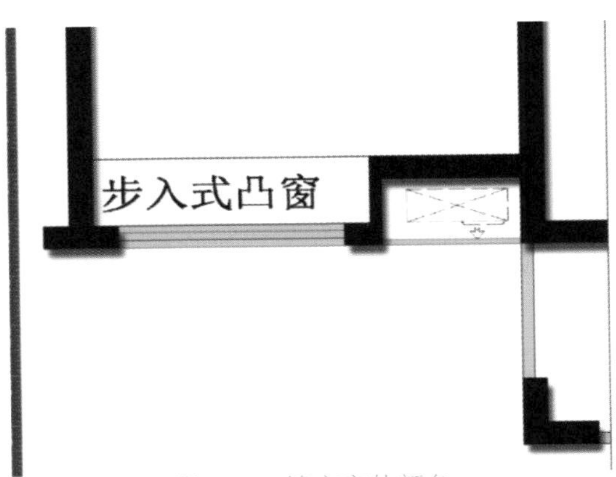

图 9-7　填充窗体颜色

（7）选择相同地面材质的区域，用魔棒工具选取区域。如图9-8所示。

（8）在素材库里选择一张地板图片，在 Photoshop CS6里打开并Ctrl+A全部选择并复制，如图9-9所示。在编辑菜单中选择“选择性粘贴”→“贴入”命令，如图9-10所示。将地板图片粘贴入选择区域中，效果如图9-11所示。

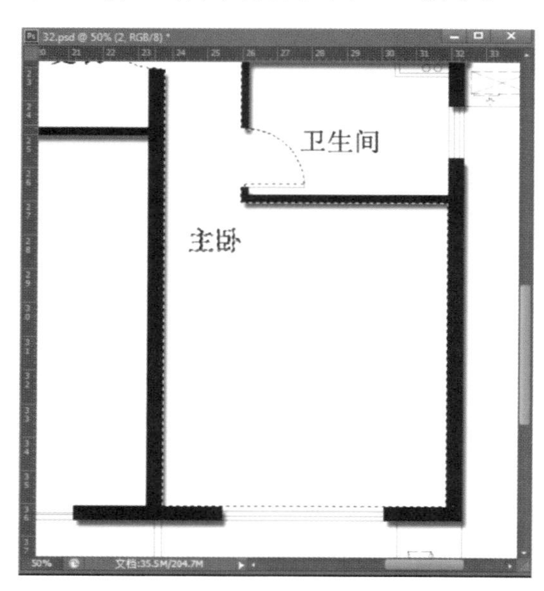

图 9-8　魔棒选中主卧

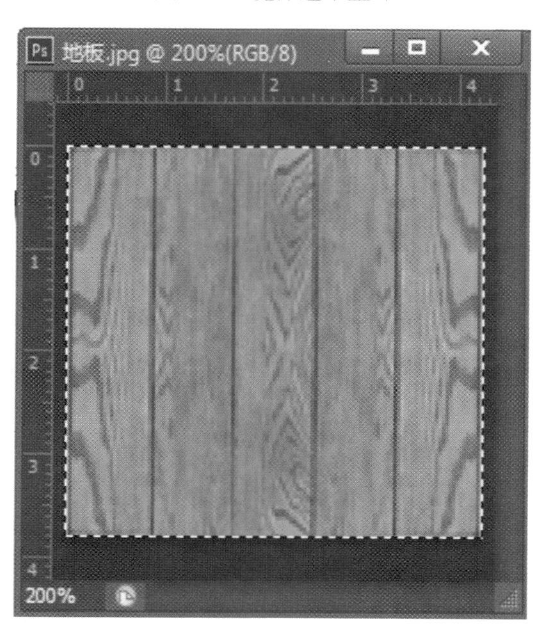

图 9-9　地板素材

（9）用复制图层和移动工具，将卧室地板铺好，效果如图9-12所示。

（10）运用相同方法铺满地面，如图9-13所示。

（11）在素材库里选择相对应的家具

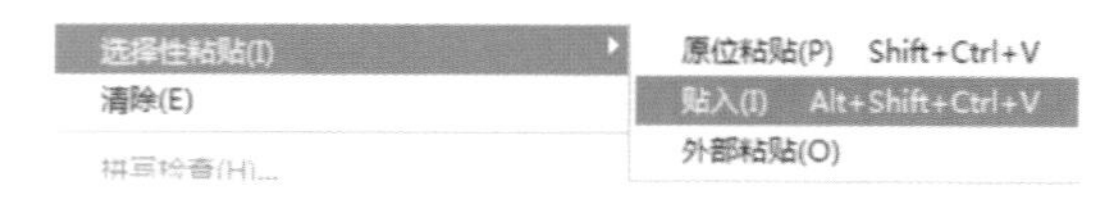

图 9-10　贴入命令

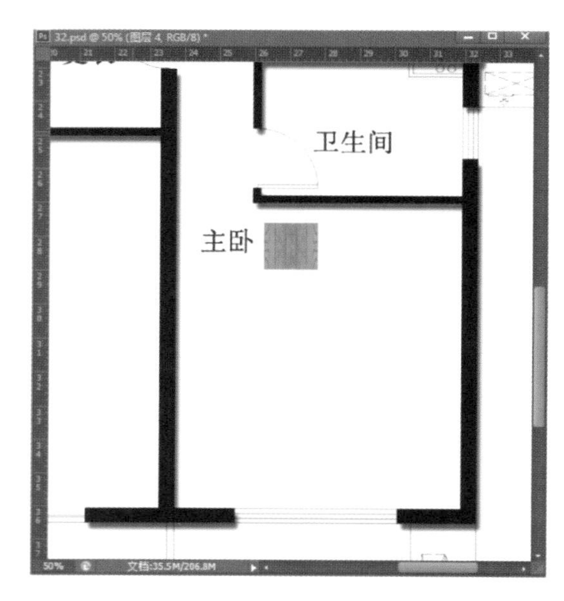

图 9-11　图片粘贴入选区

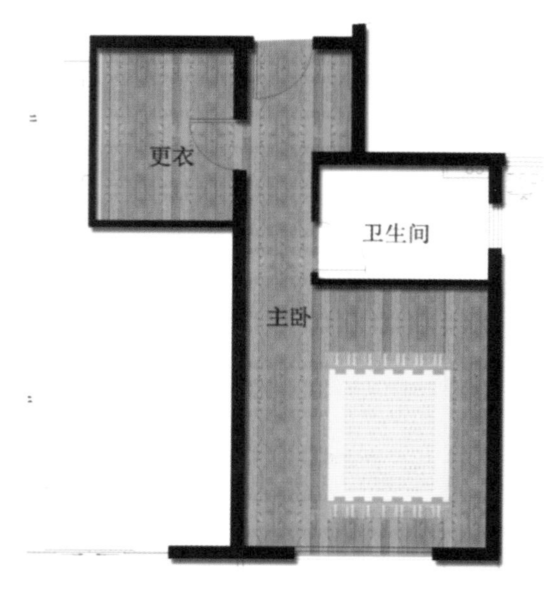

图 9-12　填充地板效果

图片，复制到新的图层，给家具图层添加图层样式，选择“投影”。适当调整其参数值。效果如图9-14所示。

（12）在素材库里选择相对应的植物图片，复制到新的图层，给植物图层添加图层样式，选择“投影”。适当调整其参数值。效果如图9-15所示。

（13）最终效果如图9-16所示。

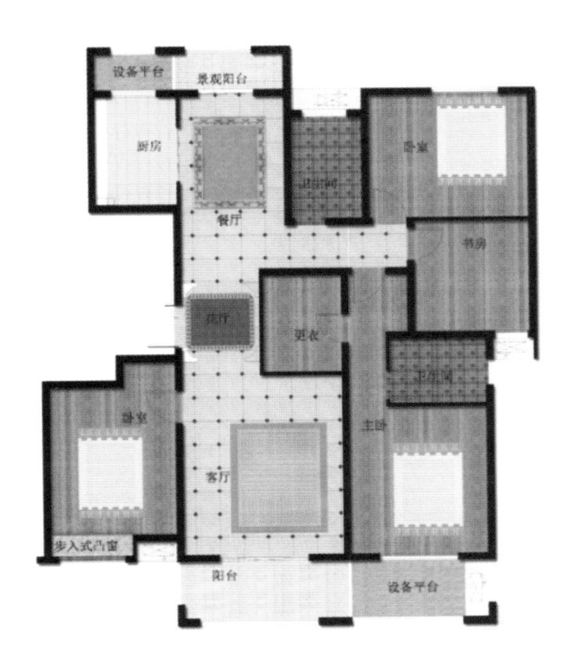

图 9-13 同方式铺满地板

图 9-14 添加家具图片

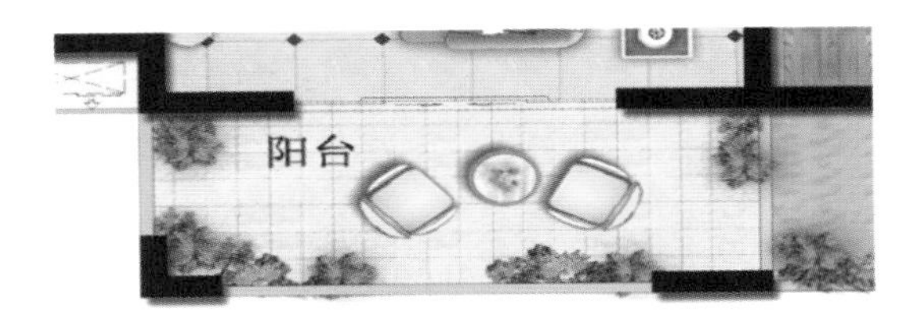

图 9-15 添加绿植图片

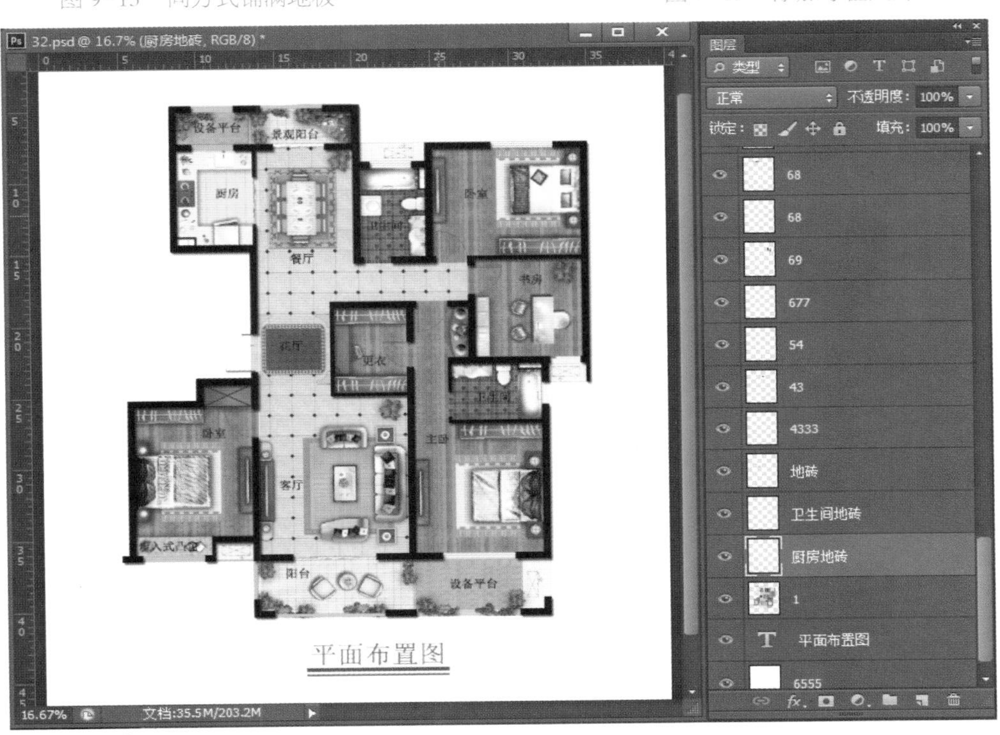

图 9-16 最终效果图

第二节
园林景观彩色平面图制作

如图9-17所示为景观彩色平面图。

（1）在Photoshop CS6中打开素材图文件夹里的原始户型图“景观图原图”JPG文件，给当前图层重新命名为“户型图原图”，并新建一个图层，命名为“水体”。效果如图9-18所示。

（2）选择“景观图原图”图层，使用“魔棒工具”选取水体部分，注意属性栏的运算方式选择“添加到选区”的方式，并将“连续”勾选上，选择后进行水体图样填充，效果如图9-19所示。

图 9-17　景观平面图

掌握制作室外景观平面图的方法与作图步骤。

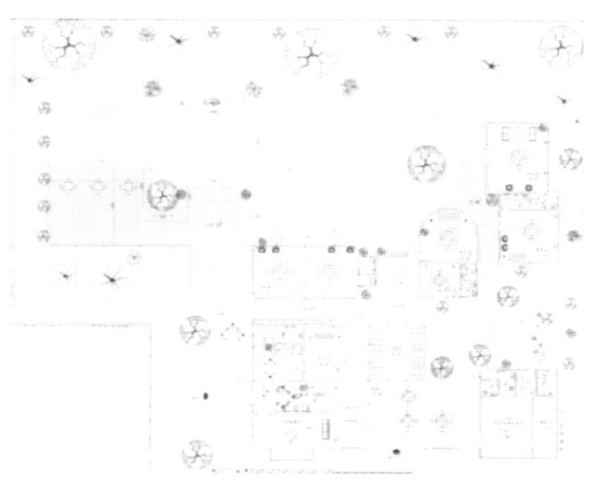

图 9-18　水体

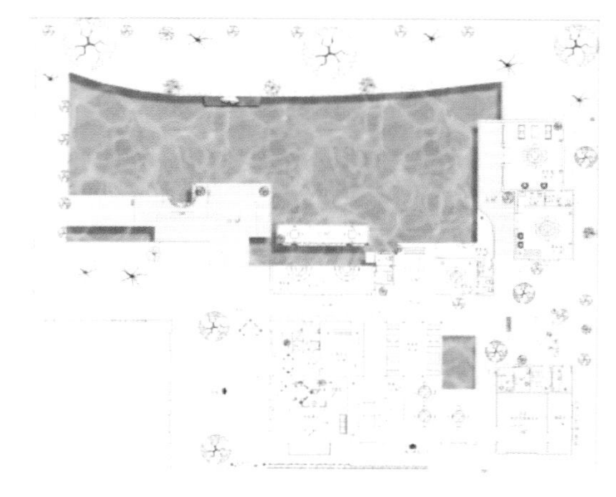

图 9-19　填充水体

图 9-20　填充地面

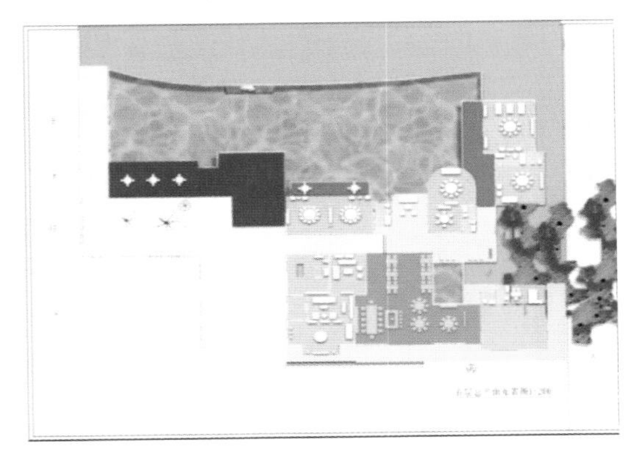
图 9-21　填充家具

图 9-22　填充墙体

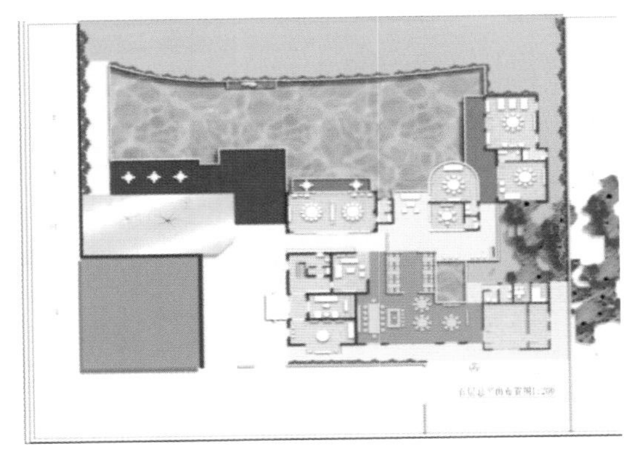
图 9-23　添加植被

（3）用相同的方法选择其他地面铺装区域，并进行相应颜色填充，效果如图9-20所示。

（4）用相同的方法选择家具区域，并进行相应颜色填充，效果如图9-21所示。

（5）用相同的方法选择墙体区域，并进行相应颜色填充，并添加投影样式，效果如图9-22所示。

（6）添加四周草地和中心植物，效果如图9-23、图9-24所示。

（7）绘制完成如图9-25所示。

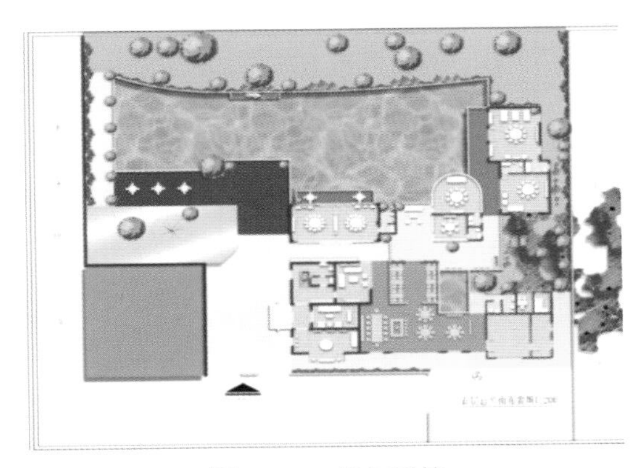
图 9-24　添加绿植

图 9-25　最终完成图

小贴士

填充颜色有多种方式，可以使用“前景色\背景色”进行填充，快捷键是Alt+Delete\Ctrl+Delete。

第三节
书籍封面制作

（1）新建一个文件，参数如图9-26所示。在画面中拖拽出6条辅助线，摆放位置如图9-27所示。

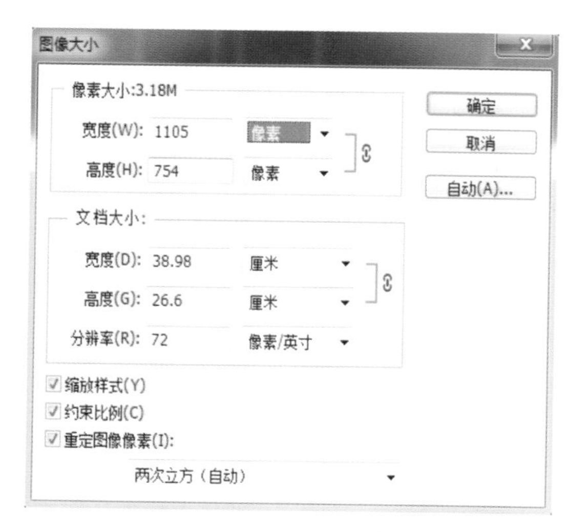

图 9-26　新建文件

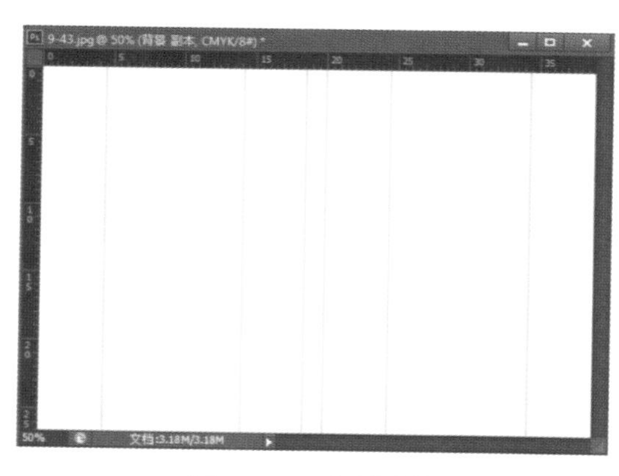
图 9-27　6条辅助线

（2）新建一个图层，创建选区，如图9-28所示，填充黑色，如图9-29所示。

（3）新建一个图层，在新图层上创建选区如图9-30所示，填充白色，如图9-31所示。

（4）复制白色块图层，摆放位置如图9-32所示。

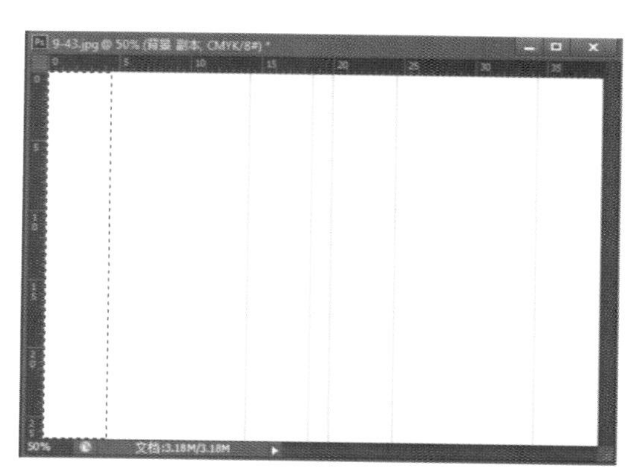
图 9-28　新建图层创建选区

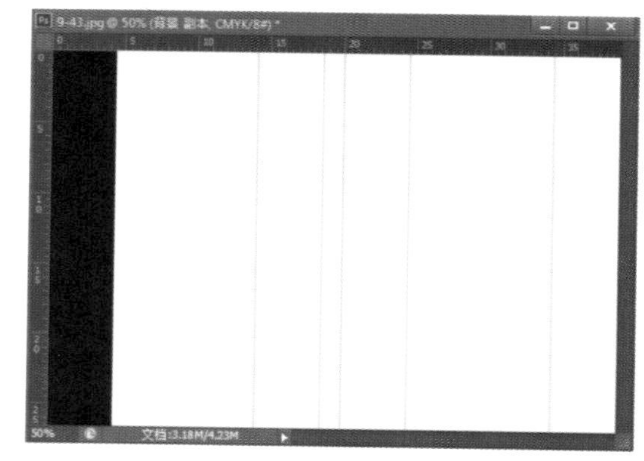
图 9-29　填充黑色

图 9-30　新建图层创建选区

图 9-31　填充白色

（5）将复制的白块图层合并为一个图层，同时选择白色块图层和黑框图层，进行复制，效果如图9-33所示。

（6）选择电影海报图片，合并进来，如图9-34所示。

（7）创建文字，最终效果如图9-35所示。

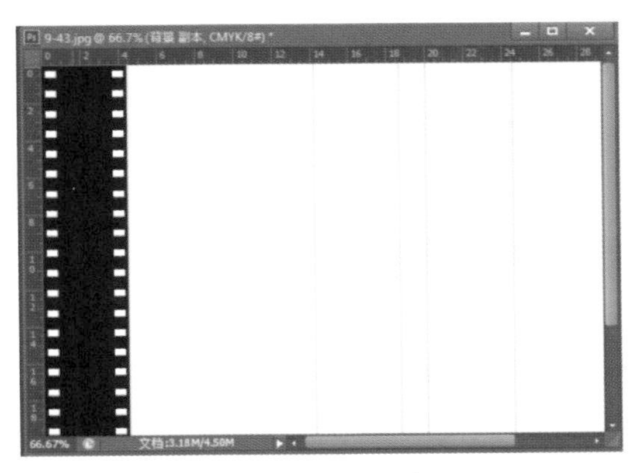

图 9-32　复制白色块图层

图 9-33　复制效果

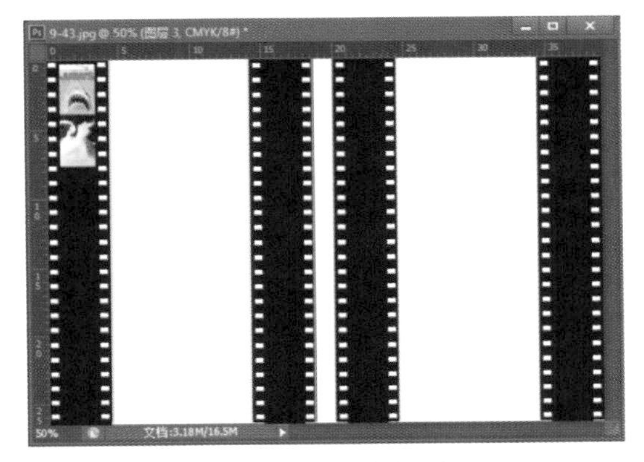

图 9-34　添加海报图片

图 9-35　最终效果图

掌握制作书籍封面的方法与作图步骤。

本/章/小/结

本章讲述如何制作室内彩色平面图、园林景观彩色平面图和书籍封面。步骤简单清晰，通过这几个实例，读者能够快速掌握Photoshop CS6在各专业中的应用。

思考与练习

运用所学知识，使用Photoshop CS6制作题图9.1。

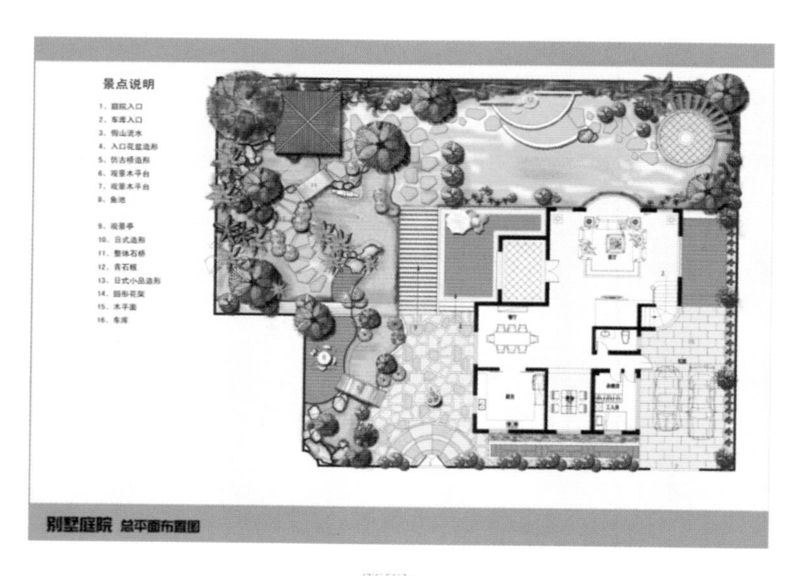

题图9.1